für Cosima

Günter Fanghänel

Zauberlehrlinge
und
Zahlen

mit Bildern von   Frank Lempe
Günter Fanghänel
Hartmut Fanghänel

Druck und Verlag: Books on Demand • Norderstedt

ISBN: 978-3-8370-8327-9
Druck und Verlag: Books on Demand; Norderstedt
© 2009 Autor und Herausgeber: Dr. habil. Günter Fanghänel,
Eppertshausen. 1. Auflage 2009.
Alle Rechte beim Autor und Herausgeber.
Preis: € 11,55

Vorbemerkungen

Dieses Buch wendet sich an Leser im Alter von 12 bis 92 Jahren, die sich für Zahlen und deren Geschichte interessieren lassen.

Ohne Zahlen ist unser Leben undenkbar.

Uhrzeiten, Termine, Entfernungen, Gewichte, Bankgeschäfte, sogar Sprachen lassen sich durch Zahlen ausdrücken. Ohne Zahlen ließen sich weder einfache Bauwerke errichten noch Weltraumflüge durchführen.

Ohne Zahlen gäbe es keine Zivilisation.

Zahlen, zunächst als Mittel zum Erfassen und Beschreiben von Mengen und Anordnungen „erfunden", bergen viele Probleme. Die meisten von ihnen sind auf den ersten Blick nicht sichtbar und manche haben die Menschen über lange Zeiträume bewegt.

Der Leser lernt einige dieser Probleme gemeinsam mit den beiden Kindern **Susi** und **Peter** kennen. Als **Zauberlehrlinge** erfahren diese in Gesprächen mit **Susis** Opa mehr über die „Geister", die sie riefen, als sie sich etwas ausführlicher mit so einfachen Dingen wie natürlichen Zahlen beschäftigten. Dabei wird versucht, anhand von Anekdoten, Beispielen und Aufgaben Interesse für mathematische Fragen zu wecken und eigene Beschäftigung anzuregen.

Es ist zu hoffen, dass viele Leser von den Fragen, die sich bei näherer Beschäftigung mit den Zahlen gestellt haben und teilweise noch immer stellen, genauso fasziniert sind, wie Generationen von Mathematikern und interessierten Laien vor ihnen.

Inhalt

Wie viele Zahlen gibt es?

Es war einmal ein kleines, fünfjähriges Mädchen. Sie hieß **Susi** und wohnte in einer großen Stadt. Im Sommer besuchte sie Oma und Opa auf dem Lande.

Kurz nach dem Mittagessen kam sie ganz aufgeregt zu Opa, der gerade Mittagsruhe halten wollte, und rief: „Opa, Opa, ich kann bis dreiundzwanzig zählen. Ich habe mir die Hühner angesehen und wollte wissen, wie viele es sind. Meine zehn Finger haben aber nicht gereicht, da habe ich nochmals zehn abgezählt und war bei zwanzig und dann waren noch drei übrig. Hurra, ich bin schon groß, ich kann zählen. Das muss ich gleich **Peter** sagen."

Bevor Opa antworten konnte, rannte sie aus dem Haus zum Nachbarhof, wo ihr gleichaltriger Freund *Peter* wohnte.

„*Peter,* ich kann bis dreiundzwanzig zählen, willst du wissen, wie ich das gemacht habe?" „Pah", antwortete er, „das ist doch gar nichts, ich kann bis Hundert zählen".

„Aber ihr habt doch gar keine hundert Hühner."

„Mann, bist du blöd, zum Zählen braucht man keine Hühner, nur Zahlen. Auf meinem Lineal stehen sie bis 30, ich habe aber einfach weiter gezählt."

„Und warum hast du bei Hundert aufgehört?"

„Weil ich keine Lust mehr hatte und nicht weiß, was nach Hundert kommt."

„Komm, wir gehen zu Opa und fragen ihn", sagte *Susi,* und schon rannten die beiden los.

„Opa, was kommt nach Hundert, und wie viele Zahlen gibt es überhaupt?", wollte *Susi* wissen. „Wo kommen die Zahlen eigentlich her?", fragte *Peter.*

„Ihr seid ja richtige **Zauberlehrlinge**", lachte Opa.

„In seinem Gedicht *Der Zauberlehrling* hat Johann Wolfgang Goethe nämlich geschrieben:

> *Herr, die Not ist groß!*
> *Die ich rief, die Geister,*
> *werd´ ich nun nicht los.*

Und jetzt habt ihr auch *Geister* gerufen, die sich in den Zahlen verstecken.

Den Menschen, die sehr lange vor uns gelebt haben, ging es genau so. Mit den Zahlen kamen auch Probleme (Geister) und hinter jedem gelösten Problem (gebannten Geist) steckte oftmals ein neues.

Wenn ihr wollt, kann ich euch später einmal davon erzählen.

Aber erst einmal wollen wir eure Geister bannen. Also, was kommt wohl nach Einhundert?"

„Zweihundert", sagte *Peter*, „weil nach der Eins die Zwei kommt."

„Nicht schlecht", meinte Opa, „aber überlegen wir doch mal. Nach der Zwanzig kommt doch nicht die Dreißig, sondern?" „Die Ein-und-zwanzig", antworteten beide Kinder wie aus der Pistole geschossen. „Also müsste nach der Hundert, die Ein-und-hundert kommen", meinte *Susi*.

„Gut überlegt", lobte Opa, „aber man sagt Einhunderteins und dann Einhundertzwei, Einhundertdrei und so weiter."

„Jetzt ist klar, wie es weitergeht", rief *Peter*. „Erst einmal bis Einhundertneunundneunzig, dann Zweihundert und dann immer weiter bis Neunhundertneunundneunzig". „Richtig", kam es vom Opa, „und dann kommt Tausend und es geht weiter mit Tausendundeins".

„Mit welcher Zahl ist dann Schluss?", fragte *Susi*.

„Na, überleg mal *Susi*: Nehmen wir an, du hättest die größte Zahl gefunden, und dann kommt *Peter* und zählt einfach eins weiter."

„Ja, dann gibt es ja überhaupt keine größte Zahl",
stellten die beiden fest. „Das Zählen geht immer weiter
und weiter bis unendlich."

„Unendlich ist das richtige Wort und einer der *Geister*
von denen ich vorhin sprach", sagte Opa. „Man schreibt
dafür auch eine liegende Acht, also ∞, weil es hier auch
kein Ende gibt." Er erzählte dann von dem berühmten
Göttinger Mathematiker DAVID HILBERT, er lebte von
1862 bis 1943, der das Problem mit dem Unendlich
durch folgende Geschichte verdeutlicht hat:

Man denke sich ein kosmisches Hotel, das unendlich viele Zimmer hat.

Alle Zimmer sind belegt.
Nun kommt ein später Gast und will noch ein Zimmer haben? Kann dem Mann geholfen werden, wo
doch alle Zimmer belegt sind?

Ja, und das geht so: Man quartiert den Gast aus Zimmer 1 um in Zimmer 2, den aus Zimmer 2 nach 3 und so weiter.

Da es zu jedem Zimmer ein nächstes gibt, geht das natürlich.

Nun kommt noch ein Bus mit 30 Gästen.

Auch diese können untergebracht werden, man wiederholt den obigen Vorgang eben dreißigmal.

Selbst wenn jetzt noch eine riesige Rakete von einem anderen Stern mit noch unendlich vielen Passagieren käme, könnte man diese alle unterbringen.

Man müsste den obigen Vorgang eben unendliche Male wiederholen.

„Dieses Beispiel zeigt", sagte Opa, „dass ∞ nicht einfach irgendeine ganz besonders große Zahl ist, sondern ein Problem, das die Mathematiker und auch die Philosophen schon immer sehr beschäftigt hat."

Er forderte die Kinder auf, sich eine Halle mit zwei Schaltern vorzustellen, wo sich am ersten Schalter der Reihe alle Zahlen angestellt haben, also die 1; 2; 3 usw. Am Nachbarschalter soll aber nur jede zweite Zahl stehen, also die 2; 4; 6 usw.

„In welcher Schlange stehen wohl mehr Zahlen?", war seine Frage.

„Na, am ersten Schalter natürlich", sagte **Peter**. „Es sind ja doppelt so viele wie am zweiten".

„Aber", **Susi** zog ihre Stirn kraus „wenn ich an das kosmische Hotel denke, da gab es immer zu jedem Gast ein Zimmer. Und hier gibt es zu jeder Zahl aus der Schlange am ersten Schalter eine Zahl aus der Schlange am zweiten Schalter. Und wenn das immer weiter geht, müssten alle Schlangen gleichlang sein."

Opa bestätigte, dass diese Überlegung richtig ist. Beide Schlangen sind unendlich lang und das Doppelte von Unendlich ist auch Unendlich. Unendlich ist eben keine Zahl, sondern die Tatsache, dass es immer weiter geht, also ein *und so weiter*.
Aber nicht nur *immer größer*, sondern Unendlich gibt es auch für *immer kleiner*.

Aber davon würde Opa vielleicht später einmal erzählen.

Wo kommen die Zahlen her und wie schreibt man sie?

Es ist einige Jahre später. *Susi* und *Peter* waren nun schon Schulkinder und saßen wieder einmal bei Opa.

Susi fragte: „Opa, hast du Zeit, uns zu erklären, wo die Zahlen herkommen und wie die Menschen früher Zahlen geschrieben haben und wie es heute geht?"

Opa kratzte sich hinterm Ohr: „Zeit habe ich schon, aber das ist eine lange Geschichte. Na setzt euch und hört zu: Wo die Zahlen herkommen und wie lange die Menschen schon zählen können, weiß man nicht so genau. Aber, was meint ihr, können Tiere zählen?"

„Im Zirkus habe ich einmal einen Hund gesehen", sagte *Peter*, „der konnte sogar rechnen. Wenn man gefragt hat, wie viel ist zwei und drei, hat er fünfmal gebellt."

„Ja, so etwas kenne ich auch", lachte Opa, „aber der Hund konnte bestimmt nicht richtig rechnen, sondern hat nur auf ein Zeichen seines Herrchens gebellt, eben so oft, wie das Zeichen kam."
Opa erzählte dann, dass sich Wissenschaftler schon lange mit solchen Fragen beschäftigt haben. Sie stellten dabei fest, dass Hunde, Affen oder Elefanten durchaus bemerken, wenn bei Dingen, die sie kennen, sich die Anzahl verändert. Zum Beispiel kann es eine Hundemutter feststellen, wenn ihr von vier Welpen eines weggenommen wird. Noch ausgeprägter sind solche einfachen Zahlvorstellungen bei Vögeln wie Elstern und Raben.

Der in Paris lebende Mathematiker GEORGES IFRAH zitiert in seinem Buch *Universalgeschichte der Zahlen* folgende Geschichte von einem Raben:

Ein Schlossherr wollte einen Raben fangen, der im Wachturm des Schlosses sein Nest gebaut hatte.

Mehrmals hatte er versucht, den Vogel zu überraschen, aber jedes Mal, wenn er sich näherte, floh der Vogel aus seinem Nest und ließ sich auf einem benachbarten Baum nieder, um zurückzukommen, sobald sein Verfolger den Turm wieder verlassen hatte.

Der Schlossherr griff daraufhin zu einer List: Er ließ zwei seiner Begleiter in den Turm ein. Nach wenigen Minuten zog sich der eine zurück, während der andere blieb.

Der Rabe ließ sich aber nicht überlisten und wartete das Verschwinden des zweiten ab, bevor er an seinen alten Platz zurückkehrte.

Das nächste Mal gingen drei Männer in den Turm, von denen sich zwei wieder entfernten; aber das listige Federvieh wartete mit noch größerer Geduld als sein verbliebener Kontrahent.

Danach wiederholte man das Experiment mit vier Männern, auch ohne Erfolg.

Es gelang schließlich mit fünf Personen, da der Rabe nicht mehr in der Lage war, vier von fünf Leuten zu unterscheiden.

„Zurück zu den Menschen", setzte Opa seine Rede fort. „Die Urmenschen hatten wahrscheinlich noch keinen Zahlbegriff, konnten aber bestimmt verschieden große Mengen unterscheiden.

Aber das Gemeinsame von **vier** Steinen, **vier** Vögeln, **vier** Beinen, **vier** Bäumen – eben die Zahl **vier** – hatten sie noch nicht erkannt.

Es gibt heute noch Volksstämme wie die Indianer auf Feuerland oder Buschmänner in Afrika, die nur Worte für *Eins* und *Zwei* kennen, alles andere ist *Viele*."

„Aha", meldete sich *Peter* zu Wort, „die können also nicht bis drei zählen."

„Richtig", sagte Opa, „aber bei uns bezeichnet man mit dieser Redensart einen etwas einfältigen Menschen. Bei diesen Naturvölkern hat das aber mit Dummheit oder Klugheit nichts zu tun. Sie brauchen für ihr einfaches Leben keine weiteren Zahlbegriffe."

Opa setzte dann seine Rede fort, indem er sagte, dass es zwei Sorten von Zahlen gibt, und die Kinder aufforderte, sich das Bild von den Bremer Stadtmusikanten anzusehen und zu sagen, wie viele Tiere zu sehen sind und als wievieltes der Hahn dazukam.

„Es sind vier Tiere", riefen *Susi* und *Peter* gleichzeitig.

„Der Hahn kam als letztes und damit viertes Tier dazu", sagte *Peter*.

„Merkt ihr den Unterschied?", fragte Opa. „Einmal sind es vier Tiere, es wird also eine Anzahl, eine Menge beschrieben, und dann ist es das vierte Tier, womit der Platz in einer Reihenfolge benannt wird.

Im ersten Fall spricht man von Grundzahlen, die Mathematiker sagen **Kardinalzahlen**, und im zweiten Fall von Ordnungszahlen oder **Ordinalzahlen**.

Kardinalzahlen stellte man dar durch eine entsprechende Anzahl von

- Steinen oder Muscheln;
- von Kerben in einem Knochen oder Holz;
- von Strichen (im Sand, auf Holzrinde, Leder oder ähnlichem);
- von Knoten in einer speziellen Schnur (dies war besonders bei dem südamerikanischen Volk der Maja gebräuchlich).

Als wohl ältestes Zeugnis dient ein 1937 in VESTONIC, in Tschechien, gefundener Wolfsknochen, der mindestens zwanzigtausend Jahre alt ist, und in dem 55 Kerben (in Fünfergruppen) eingeschnitzt sind. Vielleicht war dieser Urmensch ein berühmter Jäger, der 55 Wölfe zur Strecke gebracht hat. Vielleicht hat er aber auch nur 55 Tage in einer Höhle gewohnt und jeden Tag eine Kerbe geschnitzt."

„Kommt daher der Spruch: *Er hat etwas auf dem Kerbholz*?", wollte **Peter** wissen.

„Sicher", meinte Opa. „Früher war es üblich, Schulden, z.B. in Gastwirtschaften, durch Kerben in einem Holz zu vermerken, und bevor nicht bezahlt wurde, hatte man etwas auf dem Kerbholz."

„Das mit den Strichen ist heute auch noch üblich", sagte **Susi**. „Wir haben neulich die Autos gezählt, die vor unserer Schule vorbeigefahren sind. Da haben wir auf einem Blatt für jedes Auto einen Strich gemacht und zwar immer vier und dann einen quer. Ich habe siebzehn Autos gezählt, so wie hier." Und schon hatte sie mit einem Bleistift gezeichnet. ЖЖ ЖЖ ЖЖ II

Opa setzte seine Rede fort: „Eine zweite Möglichkeit, Zahlen darzustellen, geht von den Ordinalzahlen aus.

Da hat man für jede Zahl ein eigenes Zeichen geschaffen, in Anlehnung an bekannte Objekte. So symbolisierte man zum Beispiel die Eins durch die Sonne, die Zwei durch ein Augen- oder Flügelpaar, die Drei durch ein normales Kleeblatt, die Vier durch die Pfoten eines Hundes, die Fünf durch eine Hand, aber dann wurde es schwierig."

„Und bei größeren Zahlen wurde es bestimmt auch mit einer Menge von Strichen, Kerben oder Knoten sehr unübersichtlich", meinte *Susi*.

Opa schmunzelte: „Unsere Vorfahren waren also genau wie ihr *Zauberlehrlinge*. Sie mussten Systeme erfinden, mit denen sie auch größere Zahlen übersichtlich darstellen konnten."
Er erklärte weiter, dass am Anfang die Menschen noch keine Schrift hatten. Diese wurde erst nach und nach erfunden. Und im Zusammenhang damit kam es zu einer ganz erheblichen Steigerung der Fähigkeiten der Menschen, mit Zahlen umzugehen.
„Wie schreibt ihr denn heute Zahlen?" war seine Frage.

„Na so, wie wir es in der Schule gelernt haben", erklärte *Peter* und malte die Ziffern von 1 bis 9 in seiner schönsten Schrift.

$$1 \quad 2 \quad 3 \quad 4 \quad 5 \quad 6 \quad 7 \quad 8 \quad 9$$

„Da fehlt aber eine Zahl, nämlich die Null", sagte *Susi*.

„Ja", sagte Opa, "die ist ganz wichtig."

Er erläuterte dies an der Zahl **Achttausenddreihundertundacht.** Um diese zu schreiben braucht man die Ziffer 8, die Ziffer 3 und noch mal die Ziffer 8.

Aber die Zahl hat keine Zehner. Um das auszudrücken, braucht man die 0. So schreibt man 8308. und dies bedeutet: Acht Tausender und drei Hunderter und **keine** Zehner und 8 Einer.

Anders geschrieben: $8 \cdot 1000 + 3 \cdot 100 + \mathbf{0} \cdot 10 + 8 \cdot 1$.

Es ist also wichtig zu wissen, an welcher Stelle – man sagt auch Position – die Ziffer 8 steht. Erst sind es 8 Tausender und zum Schluss nur 8 Einer. Deshalb spricht man auch von einem Positionssystem, in dem die Zahl 8308 dargestellt ist.

Das bei uns gebräuchliche Positionssystem hat zehn verschiedene Ziffern, wahrscheinlich, weil wir zehn Finger haben. Man nennt es daher auch dekadisch, abgeleitet von dem lateinischen Wort für Zehn – Deka. In einem solchen Positionssystem braucht man unbedingt ein Zeichen, um leere Stellen zu kennzeichnen, im obigen Beispiel war die Zehnerstelle leer. Dieses Zeichen ist die Ziffer 0."

„Man könnte aber doch einfach Platz lassen", meinte *Susi*.

„Ja, das geht und wurde auch gemacht, denn die Menschen, auch die Mathematiker, haben sich sehr lange schwer damit getan, etwas zu bezeichnen, was *Nichts* ist", antwortete Opa. Er erzählte von dem bedeutenden Mathematiker des Mittelalters Leonardo von Pisa, der auch Fibonacci genannt wurde. Dieser lebte von 1180 bis 1250 in Italien und in seinem 1202 veröffentlichten Buch *liber abaci* befasste er sich auch mit der Null.

Doch das Denken der Philosophen war bis weit ins 16. Jahrhundert hinein bestimmt von der Furcht vor der Leere. Das Nichts war ein verbotener, gottloser Raum. Das können wir uns heute kaum vorstellen, aber auch die alten Griechen, die über bedeutende mathematische Erkenntnisse verfügten, kannten die Null nicht. Selbst die Pyramiden wurden ohne Kenntnis dieser Zahl gebaut.

Dann kam Opa auf *Susis* Frage zurück. „Das mit dem *Platz lassen* ist so eine Sache", sagte er. „Seht euch einmal an, was ich hier schreibe:" *3 4 1*

„Ist das nun dreihunderteinundvierzig oder dreitausendvierhunderteins?" lautete seine Frage.

„Das ist wirklich schwer zu entscheiden", antwortete **Peter** und fragte, seit wann es solche Positionssysteme gibt.

„Oh, schon sehr, sehr lange", antwortete Opa und berichtete von alten Kulturen.

In **Mesopotamien**, das ist das sogenannte Zweistromland zwischen den Flüssen Euphrat und Tigris, im heutigen Irak, gab es von 2350 bis 2200 v. Chr., also vor über viertausend Jahren ein großes Reich der Akkader. Diese verwendeten Schrift- und Zahlzeichen, die wir heute als Keilschrift bezeichnen. Diese Zeichen wurden damals in Tontafeln eingeritzt. Nach dem Zusammenbruch des akkadischen Reiches bestand von 2123 bis 2015 v. Chr. die III. Dynastie von Ur. Von der Hauptstadt Ur ist heute nur noch ein Ruinenhügel erhalten, aber die bei Ausgrabungen gefundenen Tontafeln erzählen uns viel über jene Zeit.

So weiß man heute, dass die Menschen von UR ein Positionssystem mit der Grundzahl 60 benutzten, das 59 verschiedenen Grundziffern hatte. Ein Zeichen für die Null gab es aber nicht, die entsprechende Stelle wurde frei gelassen.

Die nebenstehende Abbildung zeigt die Darstellung der Zahlen 61 als 1·60 + 1 und 2 als 1 + 1

Warum man eine so große Zahl als Basis wählte und damit sehr viele verschiedene Ziffern benötigte, ist bis heute unklar.

„Aber die Zahl 60 spielt auch bei uns eine große Rolle, denkt einmal nach, wobei?" fragte Opa und schaute demonstrativ auf seine Armbanduhr.

„Natürlich", rief **Peter**, „die Stunde hat 60 Minuten und die Minute 60 Sekunden."

„Und das soll über viertausend Jahre alt sein", zweifelte **Susi**.

„Doch", sagte Opa und erzählte, dass die Menschen damals auch sehr gute Astronomen waren. Sie teilten das Jahr in 12 Monate ein, weil sie den Mondumlauf beobachteten. Unsere Einteilung von Tag und Nacht in je 12 Stunden geht auch auf diese Zeit zurück. Die Zahl 12 spielte also eine große Rolle und multipliziert mit der Anzahl der Finger einer Hand ergab sich die Basiszahl 60. Auch in der Geometrie spielt die Zahl 60 eine Rolle, so wird der Kreis in 6 · 60, also 360 Grad unterteilt. „Das alles hat seinen Ursprung in dieser alten Kultur", beendete Opa seine Ausführungen.

Jetzt wollte **Peter** wissen: „Gibt es denn auch noch andere Positionssysteme?"

„Na, du fragst ja schon wie ein richtiger Mathematiker", lachte Opa und meinte, dass da wieder so ein *Geist* (sprich Problem), der in den Zahlen steckt, zum Vorschein gekommen ist. Er erklärte, dass man mit jeder Zahl als Grundzahl ein Positionssystem aufstellen kann. In einem solchen System kann man ganz normal rechnen, beispielsweise funktionieren die schriftlichen Rechenverfahren in gleicher Weise wie im Dezimalsystem.

Ein System, in dem es nur zwei Ziffern, nämlich I und O gibt, ist für die gesamte moderne Rechentechnik wichtig. Man nennt es Dualsystem, vom lateinischen Wort *duo* für zwei.

Positionssysteme kommen nur in vier Kulturkreisen mit geschriebener Sprache vor: Außer in Mesopotamien noch in China, in der Mayakultur Zentralamerikas und im alten Indien. Von letzterem kommt unser Dezimalsystem.

„So, das reicht aber für heute", beendete Opa seine Rede. „Ihr beide solltet noch ein bisschen an die frische Luft gehen. Da könnt ihr ja einmal zu unserem ältesten Haus laufen und sehen, wann dieses gebaut wurde. Die Jahreszahl steht am Giebel."

Die Kinder flitzten los, und Opa überlegte, was man noch über Positionssysteme erzählen sollte. Doch das steht im Schlusskapitel.

Am nächsten Tag saß **Susi** mit den Großeltern beim Frühstück. Da kam Peter hereingestürmt und sagte: „Wir haben uns gestern dieses Haus angesehen, aber da steht keine Zahl, da sind nur die Buchstaben MDCCLXIV."

„Ja, das ist richtig", antwortete Opa, „aber es ist trotzdem eine Zahl, nämlich eine *Römische Zahl.* "

„Das soll eine Zahl sein?" wunderte sich **Susi**. „Das kann ja kein Mensch verstehen und rechnen kann man damit sowieso nicht".

„Doch", kam es vom Opa. „Im römischen Reich und bei uns bis ins Mittelalter wurden solche Zahlen benutzt. Wir wollen sie uns einmal näher ansehen."

Er zeichnete auf ein Blatt Papier und erklärte, dass die Römer folgende Zeichen für die Zahlen benutzten:

I   für eins;   II   für zwei;   III   für drei;
V   für fünf;   X   für zehn;   L   für fünfzig.

Für größere Zahlen verwendete man folgende Zeichen:
C für hundert;   D für fünfhundert;   M für tausend;

Aus diesen Zeichen werden die anderen Zahlen zusammengesetzt, z.B. bedeuten:

VII   sieben $(5 + 2)$;
XIII dreizehn $(10 + 3)$;
MDXII 1512 $(1000 + 500 + 10 + 2)$.

Es müssen also die nach einer größeren Zahl stehenden kleineren addiert werden. Steht aber eine kleinere Zahl vor einer größeren, wird subtrahiert.

IV   vier $(5 - 1)$;
XIX   neunzehn $(10 + 10 - 1)$
CCXCV 295 $(100 + 100 + 100 - 10 + 5)$.

„Nun versucht einmal die Zahl MDCCLXIV zu übersetzen", forderte er die Kinder auf.

Susi und **Peter** machten sich ans Werk und schrieben:

M = 1000; D = 500; CC = 200; L = 50; XIV = 14.
Dann stellten sie fest: „Das Haus wurde 1764 gebaut".

Opa erwähnte noch, dass die alten Ägypter mit ihrer sogenannten *Hieroglyphenrechnung* ein ähnliches Zahlsystem wie die Römer benutzten. Solche Systeme nennt man additive Zahlsysteme, weil die einzelnen Zahlen durch Addition (Subtraktion) aus den Grundzeichen dargestellt werden.

24

Vollkommene und befreundete Zahlen

Einige Monate später war *Susi* wieder einmal bei den Großeltern zu Besuch, und da gerade besonders viel Schnee lag, war sie mit *Peter* zum Rodeln unterwegs. Dabei erzählte sie, dass sie bald aufs Gymnasium kommt und dass ihr Mathe besonders gut gefällt.

„Ich finde Mathe langweilig", antwortete Peter. „Wir lösen nur kinderleichte Aufgaben und dann müssen wir auch noch schriftlich rechnen, als ob es keine Taschenrechner gäbe".

„Aber Opa sagt immer, Mathe sei interessant", meinte *Susi*, „wir fragen ihn nachher einmal, ob er etwas Spannendes weiß."

Als sie durchgefroren nach Hause kamen, bestürmten sie Opa mit ihrer Frage.

„Na, schön", sagte Opa, „dann wollen wir mal wieder *Zauberlehrlinge* spielen. Nehmen wir einmal die Zahl 6. Durch welche Zahlen lässt sie sich denn teilen?"

„Das ist aber einfach", sagte *Peter*, „durch 2 und durch 3, denn 6 ist 2 mal 3."

„Und das soll alles sein?", fragte Opa.

„Durch 1 kann man 6 auch teilen, wie jede Zahl. Und durch sich selbst auch", erklärte *Susi*.

„Gut", lobte Opa. „Die Zahl 6 lässt sich durch 1, durch 2 und durch 3 teilen. Man nennt diese drei Zahlen auch ihre echten Teiler. Nun addiert diese einmal. Was erhält man?"

„1 plus 2 plus 3 ist 6", kam es von beiden Kindern gleichzeitig.

Opa stellte fest, dass die Zahl 6 gleich der Summe ihrer echten Teiler ist, womit sich die Frage anschließt, ob das bei allen Zahlen so ist, oder ob es nur wenige oder überhaupt keine weiteren Zahlen gibt, bei denen das auch so ist.

„Da müssen wir probieren", sagten **Peter** und **Susi** übereinstimmend. Sie nahmen Papier und Bleistift und fingen an zu rechnen.

Auf dem Blatt erschien:

$$4: \quad 1 + 2 = 3$$
$$8: \quad 1 + 2 + 4 = 7$$
$$9: \quad 1 + 3 = 4$$
$$12: \quad 1 + 2 + 3 + 4 + 6 = 16$$

„Es gibt keine weitere Zahl, die gleich der Summe ihrer Teiler ist", formulierte **Peter**.

Opa erwiderte: „Das ist aber nicht sehr logisch, nur von vier Beispielen auszugehen und eine solche Behauptung aufzustellen. Probiert einmal weiter, eine solche Zahl könnt ihr noch finden."

„Ich hab's", rief **Susi** nach einiger Zeit und präsentierte stolz folgende Rechnung: $28: \quad 1 + 2 + 4 + 7 + 14 = 28$.

„Richtig", bestätigte Opa. „28 ist die zweite Zahl, die gleich der Summe ihrer Teiler ist." Er erklärte dann, dass diese Zahlen schon im antiken Griechenland bekannt waren und *vollkommene Zahlen* genannt wurden. Die dritte vollkommene Zahl ist 496. Er forderte die Kinder auf, dies zu überprüfen.

"Dazu müssen wir erst die Teiler von 496 finden", sagte *Susi.*

Peter hatte schon einen Zettel genommen und schrieb:
496 = 2·248 = 2·2·124 = 2·2·2·62 = 2·2·2·2·31.

„Nun schreiben wir auch die Teiler hin", meinte *Susi.* Die Kinder überlegten und schrieben:

1+2+4+8+16+31+62+124+248.

„Das ergibt tatsächlich 496", stellte *Peter* nach kurzer Zeit fest.

„Nun ihr *Zauberlehrlinge*", lachte Opa, „wie geht es nun weiter?"

„Erzähl du uns lieber, wie es weitergeht", sagte *Susi.*

Opa nannte die nächste vollkommene Zahl. Es ist 81228. Er erzählte, dass diese vier vollkommenen Zahlen schon sehr lange bekannt waren.
Der griechische Mathematiker PYTHAGORAS VON SAMOS (um 570 - 497 oder 496 v. Chr.) kannte diese Zahlen ganz gewiss. Er und seine Schüler, die sogenannten PYTHAGORÄER, beschäftigten sich intensiv mit Zahlen und deren Eigenschaften. Für sie waren Zahlen etwas Göttliches und hatten große Bedeutung für ihr gesamtes Leben. EUKLEIDIS VON ALEXANDRIA (später einfach EUKLID genannt) war ein bedeutender griechischer Mathematiker. Er lebte etwa 365 bis 300 v. Chr. In seinem Hauptwerk, den 13 Büchern umfassenden *Elementen,* stellte er das mathematische Wissen seiner Zeit zusammen. Hier ist auch der Begriff *vollkommene Zahl* zu finden für eine Zahl, die gleich der Summe ihrer echten Teiler ist.

Eine Methode zum Berechnen von geraden vollkommenen Zahlen gibt Euklid ebenfalls an. Hierauf wird im Schlusskapitel eingegangen.

Mit den vollkommenen Zahlen haben sich Mathematiker aller Epochen beschäftigt, zu nennen sind insbesondere CATALDI (1552 - 1662), MARIN MERSENNE (1588 - 1648) und LEONHARD EULER (1707 - 1783).

In mittelalterlichen Manuskripten findet man die fünfte vollkommene Zahl, sie lautet: 33.550.336.

Die beiden nächsten vollkommenen Zahlen wurden im Jahre 1588 von CATALDI angegeben. Es sind dies die Zahlen 8.589.869.056 und 137.438.691.328.

Bis heute ist ungeklärt, ob ungerade vollkommene Zahlen existieren und ob es eine größte vollkommene Zahl gibt.

„Ihr seht also", sagte Opa, „dass die *Geister*, die in den Zahlen stecken, längst noch nicht alle gebannt sind, Das gilt auch für die sogenannten *befreundeten Zahlen*". Er erklärte, dass man darunter Zahlenpaare versteht, bei denen die eine Zahl jeweils die Summe der echten Teiler der andern ist. Beispiele dafür sind die 220 und 284.

Zerlegt man **220**, so erhält man $220 = 1 \cdot 2 \cdot 2 \cdot 5 \cdot 11$.

Das ergibt die Teiler 1, 2, 4, 5, 10, 11, 20, 22, 44, 55 und 110. Deren Summe ist **248**.

$(1+2+4+5+10+11+20+22+44+55+110 = 248)$

Zerlegt man **284**, so erhält man $284 = 1 \cdot 4 \cdot 71$.

Das ergibt die Teiler 1, 2, 4, 71, und 142.

Deren Summe ist **220**. $(1+2+4+71+142 = 220)$.

Bereits die Pythagoräer kannten diese befreundeten Zahlen. Die Suche nach einem Verfahren zum Finden weiterer befreundeter Zahlen hat die Mathematiker auch späterhin beschäftigt und wesentlich zur Entwicklung der Mathematik beigetragen.

Der arabische Mathematiker IBN AL-BANA (1256 - 1321) hat das zweite Paar befreundeter Zahlen entdeckt, nämlich die Zahlen 17.296 und 18.419.

PIERE DE FERMAT (1601 - 1665) entdeckte es im Jahr 1636 wieder.

RENE DESCARTES (1596 - 1650) fand im Jahr 1638 das dritte Paar, die Zahlen 9.363.584 und 9.437.056.

Aber bis heute weiß man nicht, ob es unendlich viele Paare *befreundeter Zahlen* gibt.

„Es gibt im Zusammenhang mit solchen einfachen Dingen wie Zahlen also noch zahlreiche offene Fragen", stellte Opa zum Schluss fest.

Primzahlen

In den Osterferien war *Susi* wieder einmal bei den Großeltern und wie immer viel mit *Peter* zusammen. Die beiden unterhielten sich prächtig und irgendwann kam auch die Schule zur Sprache.

„In Mathematik haben wir jetzt Primzahlen", sagte *Peter*, „und unser Lehrer meinte, sie wären ziemlich wichtig."

„Primzahlen hatten wir noch nicht", antwortete *Susi*. „Was sind denn Primzahlen und warum sind sie so wichtig?"

Peter erklärte: „Primzahlen sind solche Zahlen, die sich nur durch 1 und durch sich selbst teilen lassen. Also zum Beispiel die Zahlen 2, 3, 5, 7, 11, 13, 17, 19, 23 usw. Aber warum sie so wichtig sein sollen und warum sie Primzahlen heißen, hat keiner gesagt."

„Da müssen wir wieder Opa fragen", kam es von *Susi*. Und nach dem Mittagessen gingen sie zu ihm.

„Ich wollte ja eigentlich Mittagsruhe halten", meinte Opa, „aber wenn ihr schon hier seid, will ich euch *Zauberlehrlingen* wieder einmal helfen, Geister zu bannen", und er erklärte: „Seit sich die Menschen mit dem Teilen natürlicher Zahlen beschäftigten, zunächst aus ganz praktischen Bedürfnissen des Verteilens heraus, sind ihnen Zahlen aufgefallen, die sich nicht teilen lassen – also die Primzahlen. Dabei wurden der 7 (die auf die gut teilbare 6 folgt) und der 13 (die nach der mit vielen Teilern ausgestatteten 12 kommt) besondere, oftmals böse Eigenschaften zugeschrieben. Man denke nur an die Märchen von den sieben Raben, den sieben

Zwergen, den sieben Geißlein oder an Dornröschen, in dem die 13 eine Unglückszahl ist. Bedeutsam ist aber vor allem, dass man jede Zahl aus Primzahlen zusammensetzen kann, wenn man diese multipliziert. Die Primzahlen sind also die grundlegenden, die ersten Zahlen und lateinisch ist der Erste eben der Primus." Opa hob dann hervor, dass jede Zahl als Produkt von Primzahlen geschrieben werden kann und zwar nur auf eine einzige Art und Weise.

Zum Beispiel:

$$407 = 11 \cdot 37;$$
$$1309 = 7 \cdot 11 \cdot 17;$$
$$10241 = 7 \cdot 7 \cdot 11 \cdot 19;$$
$$113256 = 2 \cdot 2 \cdot 2 \cdot 3 \cdot 3 \cdot 11 \cdot 11 \cdot 13.$$

„Produkte aus gleichen Ziffern kann man auch anders schreiben, nämlich als Potenzen", erklärte Opa. „Statt $2 \cdot 2 \cdot 2$ schreibt man 2^3 und $11 \cdot 11$ ist dann 11^2". Er erklärte weiter, dass die hochgestellte Zahl Exponent heißt und angibt, wie oft die Ausgangszahl (diese heißt Basis) miteinander zu multiplizieren ist. Dann kann man schreiben: $113256 = 2^3 \cdot 3^2 \cdot 11^2 \cdot 13$.

Opa setzte seine Rede fort: "Wenn man Primzahlen addiert, gibt es oft mehrere Möglichkeiten, zum Beispiel gilt $20 = 7 + 13 = 17 + 3$. Aber die Zerlegung einer Zahl in Faktoren, die Primzahlen sind, sie nennt man auch Primfaktoren, ist nur auf eine einzige Art möglich. Diese Tatsache ist so wichtig, dass sie auch als *Fundamentalsatz der Zahlentheorie* bezeichnet wird."

Er erläuterte, dass es mit Hilfe der Zerlegung in Primfaktoren gelang, große Zahlen zu beherrschen, auch ohne die heute verfügbare Rechentechnik.

Opa fragte weiter:„Wie viele gerade Primzahlen wird es wohl geben?"

„Das ist einfach" antwortete *Peter*. „Natürlich nur eine, nämlich die 2, alle anderen geraden Zahlen lassen sich doch durch 2 teilen, sind also keine Primzahlen."

„Aber wie viele Primzahlen gibt es überhaupt?", wollte *Susi* wissen.

„Na, dazu wollen wir uns einmal in einer Formelsammlung eine Übersicht über die Primzahlen bis 160 ansehen", meinte Opa und schlug folgende Tabelle auf:

2		**41**		81	$= 3^4$	121	$= 11^2$
3		**43**		**83**		123	$= 3 \cdot 41$
5		45	$= 3^2 \cdot 5$	85	$= 5 \cdot 17$	125	$= 5^3$
7		**47**		87	$= 3 \cdot 29$	**127**	
9	$= 3^2$	49	$= 7^2$	**89**		129	$= 3 \cdot 43$
11		51	$= 3 \cdot 17$	91	$= 7 \cdot 13$	**131**	
13		**53**		93	$= 3 \cdot 31$	133	$= 7 \cdot 19$
15	$= 3 \cdot 5$	55	$= 5 \cdot 11$	95	$= 5 \cdot 19$	135	$= 3^3 \cdot 5$
17		57	$= 3 \cdot 19$	**97**		**137**	
19		**59**		99	$= 3^2 \cdot 11$	**139**	
21	$= 3 \cdot 7$	**61**		**101**		141	$= 3 \cdot 47$
23		63	$= 3^2 \cdot 7$	**103**		143	$= 11 \cdot 13$
25	$= 5^2$	65	$= 5 \cdot 13$	105	$= 3 \cdot 5 \cdot 7$	145	$= 5 \cdot 29$
27	$= 3^3$	**67**		**107**		147	$= 3 \cdot 7^2$
29		69	$= 3 \cdot 23$	**109**		**149**	
31		**71**		111	$= 3 \cdot 37$	**151**	
33	$= 3 \cdot 11$	**73**		**113**		153	$= 3^2 \cdot 17$
35	$= 5 \cdot 7$	75	$= 3 \cdot 5^2$	115	$= 5 \cdot 23$	155	$= 5 \cdot 31$
37		77	$= 7 \cdot 11$	117	$= 3^2 \cdot 13$	**157**	
39	$= 3 \cdot 13$	**79**		119	$= 7 \cdot 17$	159	$= 3 \cdot 53$

„Wie viele Primzahlen gibt es zwischen 0 und 20 und wie viele zwischen 110 und 130?“, fragte Opa.

„Zwischen 0 und 20 gibt es acht Primzahlen, nämlich 2; 3; 5; 7; 11; 13; 17 und 19“, stellte **Peter** fest.

„Und zwischen 110 und 130 sind es nur zwei, nämlich 113 und 127“, ergänzte *Susi*. „Sicher, weil es dann mehr Teiler gibt. Also hören die Primzahlen vielleicht irgend wann einmal auf?“

„Nein, das ist nicht der Fall und dies lässt sich auch recht einfach beweisen“, entgegnete Opa, und er erläuterte den Beweis folgendermaßen:
Angenommen, es gäbe eine größte Primzahl, dann soll sie p genannt werden. Wenn man nun alle Primzahlen bis p miteinander multipliziert, erhält man eine neue Zahl, sie soll z heißen. Die Zahl z + 1 ist dann sicher größer als p. Will man aber z durch eine der in p steckenden Primzahlen teilen, bleibt immer 1 als Rest. z + 1 ist also entweder selbst eine Primzahl oder enthält als Teiler eine Primzahl, die dann aber größer als p sein muss. Die Zahl p kann also nicht die größte Primzahl sein, die Annahme war falsch.
Der Beweis soll noch einmal an einem Beispiel verdeutlicht werden:
Jemand behauptet, die größte Primzahl sei p = 13.
Dann multipliziert man alle Primzahlen bis 13 und erhält das Produkt   z = 2·3·5·7·11·13 = 30030. Die Zahl z + 1 = 30031 ist durch keine der Primzahlen 2; 3; 5; 7; 11 bzw. 13 teilbar, immer bleibt der Rest 1. Damit ist sie natürlich auch nicht durch 4; 6; 8; 9; 10 oder 12 teilbar, denn diese enthalten ja mindestens eine der vorher genannten Primzahlen.

Somit ist 30031 entweder selbst eine Primzahl oder enthält eine Primzahl als Teiler, die größer als 13 ist. Damit kann 13 nicht die größte Primzahl sein. Tatsächlich ist 30031 = 59·509 und das sind beides Primzahlen.

„Also gibt es unendlich viele Primzahlen", stellte *Susi* schließlich fest.

„Gibt es denn eine Formel, nach der man die Primzahlen finden kann?", fragte *Peter*.

„Nein, aber wer die entdeckt, bekommt bestimmt einen großen Preis", antwortete Opa. Er erzählte, dass seit vielen, vielen Jahren Mathematiker immer wieder vergeblich versucht haben, eine solche Formel zu finden. Es fand sich nicht einmal eine Formel, nach der man immer eine Primzahl, es muss ja nicht einmal die nächste sein, erhalten kann.

„Eine Formel ist in diesem Zusammenhang aber ganz interessant", sagte Opa. „Wir nehmen einmal die Formel $z = n^2 + n + 41$ und setzten für n der Reihe nach die natürlichen Zahlen ein. Rechnet einmal mit, *Susi* nimmt die geraden Zahlen und *Peter* die ungeraden."

Auf *Susi*s Blatt erschien:

n	n^2	n	41	z
2	4	2	41	**47**
4	16	4	41	**61**
6	36	6	41	**83**
8	64	8	41	**113**
10	100	10	41	**151**
12	144	12	41	**197**

Peter schrieb:

n	n^2	n	41	z
1	1	1	41	**43**
3	9	3	41	**53**
5	25	5	41	**71**
7	49	7	41	**97**
9	81	9	41	**131**
11	121	11	41	**173**

„Schaut euch die Ergebnisse an", sagte Opa.

„Die Zahlen 43; 47; 53; 61; 71; 83; 97; 113; 131; 151; 173; 197 sind tatsächlich alles Primzahlen", staunte Susi.

„Wenn man weiter rechnet, sagen wir einmal bis $n = 39$, ergeben sich auch immer Primzahlen", erklärte Opa. Ich schreibe sie einmal auf:

223;	251;	281;	313;	347;	383;
421;	461;	503;	547;	593;	641;
691;	743;	797;	853;	911;	971;
1033;	1097;	1163;	1231;	1301;	1373;
1447;	1523;	1601;	1447;	1523;	1601.

„Man könnte nun denken, das geht so weiter", meinte er. „Aber für $n = 40$ erhält man 1681 und das ist keine Primzahl. Die Zahl 1681 ist das Quadrat von 41." Er erklärte weiter, dass die Formel $z = n^2 + n + 41$ *EULER'sches Polynom* heißt, nach dem bedeuten Mathematiker LEONHARD EULER.

„Ihr seht", setzte Opa seine Rede fort, „Die Behauptung, dass man nach der Formel $z = n^2 + n + 41$ immer eine Primzahl erhält ist falsch, obwohl die ersten 39

Zahlen, also die Zahlen von 3 bis 1601, allesamt Primzahlen sind. In der Mathematik ist also eine Vielzahl von Beispielen (hier waren es 39) keine Bestätigung für eine Aussage. Sobald unendlich viele Objekte im Spiel sind, genügen Beispiele nicht, es müssen exakte Beweise geführt werden."

Opa erzählte, dass sich die französischen Mathematiker MARIN MERSENNE (1588 - 1648) und PIERE DE FERMAT intensiv mit Primzahlen beschäftigt haben. Letzterer hatte geglaubt, eine Formel gefunden zu haben, die immer eine Primzahl liefert. Aber LEONHARD EULER hat dann gezeigt, dass diese falsch war.

„Aber mit Computern müsste man doch noch mehr Primzahlen ausrechnen können", meinte *Susi*.

„Das ist richtig", antwortete Opa und berichtete von einer Notiz im Internet, wonach am 23. August 2008 ein Team von der *University of California* die bisher größte Primzahl mit genau 12.978.189 Stellen gefunden hat und dafür einen Preis von 100.000 Dollar erhielt.

Opa überlegte, dass man im Schlusskapitel noch mehr zu Primzahlen sagen sollte.

Dann setzte er seine Rede fort:„Allerdings kannten schon die Mathematiker der Antike ein Verfahren, mit dem man – rein theoretisch – alle Primzahlen finden könnte. Es ist benannt nach dem griechischen Mathematiker ERATOSTHENES VON KYRENE, der von 295 oder 280 v. Chr. bis zum Ende des 3. Jahrhunderts v. Chr. lebte, und heißt das *Sieb des ERATOSTHENES*. Wenn ich euch erkläre, wie es funktioniert, werdet ihr den Namen verstehen."

Opa nahm ein Blatt Papier und ordnete die Zahlen von 1 bis 100 wie folgt an:

1	2	3	4	5	6	7	8	9	10
11	12	13	14	15	16	17	18	19	20
21	22	23	24	25	26	27	28	29	30
31	32	33	34	35	36	37	38	39	40
41	42	43	44	45	46	47	48	49	50
5!	52	53	54	55	56	57	58	59	60
61	62	63	64	65	66	67	68	69	70
71	72	73	74	75	76	77	78	79	80
81	82	83	84	85	86	87	88	89	90
91	92	93	94	95	96	97	98	99	100

Er erklärte, dass man nun oben links beginnt und die Zahl 1 streicht. Nun markiert man die 2 als erste Prim-

zahl und streicht alle Vielfachen von 2, also jede 2. Zahl. Dann sucht man die nächste nicht gestrichene Zahl, also die 3, und hat damit die zweite Primzahl gefunden. Sie wird markiert und jede 3. Zahl wird gestrichen. Die nächste nicht gestrichene Zahl ist die 5. Nun wird diese markiert und es wird jede 5. Zahl gestrichen. Danach ist die 7 an der Reihe, diese wird markiert und jede 7. Zahl wird gestrichen.

Dieses Verfahren wird fortgeführt und damit werden die Zahlen praktisch gesiebt. Alle Vielfachen fallen durch das Sieb und nur die Primzahlen bleiben hängen. In der oben stehenden Tabelle sind die nicht gestrichenen Zahlen, also die Primzahlen, markiert.

Dieses *Zahlensieben* kann man theoretisch immer weiter treiben, aber es ist einleuchtend, dass es praktisch zum Ermitteln großer Primzahlen nicht taugt. Wenn man eine neue Zahl z daraufhin untersuchen will, ob sie prim ist, wie die Mathematiker für die Eigenschaft Primzahl zu sein sagen, muss man der Reihe nach probieren, ob sie sich durch eine der bekannten Primzahlen teilen lässt. Dabei braucht man nur die Primzahlen bis $\sqrt{z}$ zu untersuchen, weil im ungünstigsten Fall z eine Quadratzahl ist. In allen anderen Fällen ist ein möglicher Teiler größer als $\sqrt{z}$ und der andere logischerweise kleiner.

Susi äußerte nun folgende Überlegung: „Wenn ich mir das Sieb oder die Tabelle von vorhin etwas genauer anschaue, fällt auf, dass es immer mal Primzahlen gibt, die ganz nahe beieinander liegen, beispielsweise 3 und 5 sowie 11 und 13 oder auch 137 und 139."

„Aber es gibt auch längere Strecken, wo keine Primzahl kommt, etwa zwischen 89 und 97", meinte *Peter*.

„Ja, ihr beiden *Zauberlehrlinge*", lachte Opa, „da habt ihr wieder Probleme herausgepickt, die in den Zahlen stecken. Ob es irgendwelche Gesetzmäßigkeiten gibt, nach denen die Primzahlen verteilt sind, hat die Mathematiker von alters her beschäftigt."

Opa ging zunächst auf *Susi*s Frage ein und erklärte, dass Primzahlen, die nur durch eine dazwischenliegende gerade Zahl getrennt sind, *Primzahlzwillinge* genannt werden. Also zum Beispiel die Zahlen 5 und 7.

„Zählt doch einmal, wie viele Primzahlzwillinge es bis 100 gibt", forderte er die Kinder auf.

Diese stellten fest: „ Bis Einhundert gibt es die Primzahlzwillinge 3/5; 5/7; 11/13; 17/19; 29/31; 41/43; 59/61 und 71/73, das sind insgesamt 8 Zwillingspaare."

„Richtig", sagte Opa, „aber schaut man sich die Sache einmal genauer an, so erkennt man, dass es zwischen 1 und 50 sechs davon gibt, zwischen 50 und 100 aber nur noch zwei." Weiter erläuterte er, dass es zwischen 500 und 600 nur die Zahlen 521 und 523 als Primzahlzwillinge gibt. Man muss sich also fragen, ob die Zwillinge immer seltener werden und es am Ende vielleicht gar keine mehr gibt.

Zwischen 600 und 700 gibt es aber schon wieder drei Zwillingspaare, nämlich 617/619; 641/643; und 659/661.

Zwischen 800 und 900 gibt es sogar deren fünf, nämlich 809/811; 821/823; 827/829; 857/859 und 881/883.

Eine Gesetzmäßigkeit für die Verteilung von Primzahlzwillingen ist bis heute nicht bekannt. Man vermutet, dass es immer wieder Primzahlzwillinge gibt. So sind zum Beispiel die beiden Zahlen 1.000.000.000.061 und 1.000.000.000.063 Primzahlzwillinge. Ein Beweis, dass es unendlich viele davon gibt, konnte aber bislang noch nicht gefunden werden.

„Anders ist es mit der Frage, die *Peter* gestellt hatte", erläuterte Opa. „Es lässt sich relativ einfach beweisen, dass es in der Folge der Primzahlen Lücken beliebiger Länge gibt." Dafür gab er das folgende Beispiel an:

Man möchte 10 aufeinanderfolgende Zahlen haben, die alle keine Primzahlen sind. Dazu multipliziert man die Zahlen von 2 bis 11.

Also $2 \cdot 3 \cdot 4 \cdot 5 \cdot 6 \cdot 7 \cdot 8 \cdot 9 \cdot 10 \cdot 11 = 39.916.800$.

Nun addiert man der Reihe nach die Zahlen 2 bis 11 und erhält die 10 aufeinanderfolgenden Zahlen 39.916.802; 39.916.803; 39.916.804; 39.916.805; 39.916.806; 39.916.807; 39.916.808; 39.916.809; 39.916.810; 39.916.811.

Weil in der Zahl 39.916.800 der Teiler 2 steckt (so ist sie ja gemacht), ist auch 39.916.800 + 2 durch 2

teilbar. Analog sind die nächsten Zahlen der Reihe nach durch 3; 4; 5, 6; 7; 8; 9; 10 und 11 teilbar.
Zwischen 39.916.802 und 39.916.811 gibt es also mit Sicherheit keine Primzahl. Wir haben also eine Lücke der Länge 10 konstruiert.
Statt 10 kann man natürlich auch jede andere Zahl als Länge der Lücke verlangen.

„Einen entsprechenden Beweis kann man natürlich führen, dazu muss man Variablen verwenden", erklärte Opa, merkte sich dies für das Schlusskapitel vor und wollte die Kinder zum Aufräumen von *Susis* Zimmer schicken.

„Ich möchte aber noch wissen, ob sich alle Zahlen auch als Summe von Primzahlen darstellen lassen", wandte *Susi* ein.

Opa lachte: „Ihr habt wohl keine Lust zum Aufräumen? Aber *Susi* hat als *Zauberlehrling* tatsächlich ein Problem angesprochen, das bis heute noch nicht vollständig gelöst ist." Er erzählte, dass im Jahre 1742 CHRISTIAN GOLDBACH (1690 - 1764) in einem Brief an LEONHARD EULER folgende Vermutung geäußert hat:
Jede ungerade Zahl, die größer als 5 ist, lässt sich als Summe von drei Primzahlen schreiben.

Diese sogenannte GOLDBACH'sche Vermutung hat die Mathematiker lange beschäftigt. Heute wird unter der GOLDBACH'schen Vermutung im Allgemeinen die Behauptung verstanden, dass sich jede gerade Zahl als Summe zweier Primzahlen darstellen lässt.
Im Jahr 2000 hatte der britische Verlag Faber & Faber sogar ein Preisgeld von einer Million Dollar auf die Lösung dieses Problems ausgesetzt.

Dieses Preisgeld sollte für einen Beweis der Vermutung vor dem April 2002 vergeben werden. Es konnte aber nicht ausgezahlt werden. Bis April 2007 hatte TOMÁS OLIVEIRA DE SILVA die Vermutung für alle Zahlen bis 10^{18} überprüft und für richtig befunden. Ein Beweis dafür, dass sie für jede beliebig große gerade Zahl gilt, ist dies aber natürlich nicht.

Verdrehte Zahlen

Es war Herbst und scheußliches Wetter. Die beiden Kinder *Susi* und *Peter* machten es sich bei Opa in der warmen Stube gemütlich und wollten beschäftigt werden.

„Na ihr beiden, habt ihr Lust, wieder einmal *Zauberlehrlinge* zu sein?", fragte Opa. „Ich könnte euch da etwas über verdrehte Zahlen erzählen. Aber ein bisschen Rechnen müsst ihr auch."

„Oh, prima", antworteten beide gleichzeitig. „Schieß los, Opa!"

Dieser verlangte: „Nehmt euch jeder ein Blatt Papier und schreibt eine zweistellige Zahlen auf. Dann vertauscht ihr die Ziffern und subtrahiert die kleinere von der größeren Zahl. Das wiederholt ihr noch bei vier weiteren Zahlen. Danach möchte ich wissen, ob euch an den Ergebnissen etwas auffällt."

Susi schrieb so:

$28 \rightarrow 82; \quad 82 - 28 = 54$
$76 \rightarrow 67; \quad 76 - 67 = 9$
$35 \rightarrow 53; \quad 53 - 35 = 18$
$19 \rightarrow 91; \quad 91 - 19 = 72$
$44 \rightarrow 44; \quad 44 - 44 = 0$

Peter schrieb so:

$13 \rightarrow 31; \quad 31 - 13 = 18$
$47 \rightarrow 74; \quad 74 - 47 = 27$
$61 \rightarrow 16; \quad 61 - 16 = 45$
$15 \rightarrow 51; \quad 51 - 15 = 36$
$90 \rightarrow 09; \quad 90 - 9 = 81$

„Also", sagte *Susi* nach einer Weile, „wenn ich mir die Ergebnisse ansehe – es sind immer Zahlen aus der Neunerreihe. Nur wenn ich 44 nehme, kommt Null heraus."

„Den Fall, dass die Ziffern gleich sind, wollen wir künftig einmal ausschließen, aber *Susi* hat natürlich recht", bestätigte Opa. „Nun teilt alle Ergebnisse einmal durch 9, was fällt euch da noch auf?"

Jetzt hatte *Peter* die richtige Idee: „Es bleibt dann immer die Differenz der beiden Ziffern übrig. Also in meinem ersten Beispiel: 18 : 9 = 2 und 3 - 1 ist auch 2."

„In den Beispielen hat das ja gestimmt, aber eigentlich ist das noch kein Beweis", gab *Susi* zu bedenken.

„Sehr gut, du kleine Mathematikerin", lobte Opa. „Aber der Beweis ist ganz einfach", und er führte ihn vor:

Da die Aussage für alle Zahlen gelten soll, werden die Zahlen durch Buchstaben (man sagt dazu auch Variable) dargestellt. a und b sollen beliebige Zahlen zwischen 0 und 9 sowie voneinander verschieden sein. Außerdem soll a größer als b sein.

Damit ist $a \cdot 10 + b$ die erste und $b \cdot 10 + a$ die zweite Zahl. Man bildet die Differenz und erhält

$$(a \cdot 10 + b) - (b \cdot 10 + a) = a \cdot 10 + b - b \cdot 10 - a$$
$$= 9 \cdot a - 9 \cdot b = \mathbf{9 \cdot (a - b)}.$$

Also ist die Differenz der vertauschten Zahlen das Produkt aus 9 und der Differenz der Ziffern a und b.

„Und was ist, wenn man bei Zahlen, die mehr als zweistellig sind, zwei Ziffern vertauscht?", fragte *Peter*.

„Probiert das doch einmal aus", schlug Opa vor.

Susi begann mit 652 und überlegte, dass es folgende Möglichkeiten gibt:

$$652 - 625 = 27 = 3 \cdot 9$$
$$652 - 562 = 90 = 10 \cdot 9$$
$$652 - 526 = 126 = 14 \cdot 9$$
$$652 - 265 = 387 = 43 \cdot 9$$
$$652 - 256 = 396 = 44 \cdot 9$$

Peter nahm eine vierstellige Zahl, nämlich 8543 und rechnete so:

$$8543 - 8354 = 189 = 21 \cdot 9$$
$$8543 - 3845 = 4698 = 522 \cdot 9$$
$$8543 - 4583 = 3960 = 440 \cdot 9$$
$$8543 - 5438 = 3105 = 345 \cdot 9$$
$$8543 - 3458 = 5085 = 564 \cdot 9.$$

Die Kinder stellten fest, dass in allen Beispielen die Differenz ein Vielfaches von 9 war.

„Gut", sagte Opa, und erklärte, dass dies allgemein gilt und mit der Darstellung der Zahlen im Dezimalsystem zusammenhängt. „Aber fällt euch an euren Beispielen noch etwas auf?" war seine Frage.

„Ja", sagte *Susi*, „ich habe alle Möglichkeiten aufgeschrieben, die es mit der Zahl 625 gibt und *Peter* hat nicht alle Möglichkeiten erfasst."

„Für vierstellige Zahlen gibt es aber auch mehr Möglichkeiten", verteidigte sich *Peter*.

„Und schon seid ihr *Zauberlehrlinge* wieder einem Problem auf der Spur", sagte Opa. „Wir sollten einmal überlegen, wie viele verschiedene Zahlen man wohl mit 2; 3; 4; 5; .... usw. Ziffern schreiben kann?"

Susi antwortete: „Na, mit 2 Ziffern gibt es eben nur zwei Möglichkeiten und mit 3 Ziffern gibt es 6 Möglichkeiten, wie ich eben ausprobiert habe."

Peter argumentierte weiter: „Wenn ich jetzt zu den drei Ziffern eine vierte hinzunehme, müsste es zu jeder dieser Ziffern 6 Möglichkeiten geben, also insgesamt 24 Möglichkeiten. Und bei 5 Ziffern wären es dann 120, nämlich 5·24 Möglichkeiten."

„Ausgezeichnet überlegt", bestätigte Opa. „Wenn man die Anzahl der Ziffern mit n bezeichnet, erhält man die Anzahl der möglichen verschiedenen Zahlen, indem man alle Zahlen von 1 bis n miteinander multipliziert, also $1 \cdot 2 \cdot 3 \cdot 4 \ldots n$ rechnet." Und er erklärte, dass man dieses Produkt *n-Fakultät* nennt und dafür n! schreibt.

„Bei euren Überlegungen war aber eine Bedingung zu beachten", gab Opa zu bedenken. „Könnt ihr euch denken, welche?"

„Ich glaube, wir müssen verlangen, dass keine Ziffer mehrmals in einer Zahl vorkommt, denn dann gäbe es noch viel mehr Möglichkeiten", meinte *Susi*.

„Richtig", bestätigte Opa und erwähnte, dass es in der Mathematik eine Disziplin gibt, die sich mit solchen Fragen beschäftigt und *Kombinatorik* genannt wird.

„Aber zurück zu unseren verdrehten Zahlen", redete er weiter. „Ob die Differenz zweier Zahlen auch durch 9 teilbar ist, wenn man mehrere Ziffern vertauscht?"

„Das probieren wir einmal aus", meinten die Kinder.

Sie nahmen die Zahl 453789 und vertauschten die 4 mit der 9 und die 3 mit der 8 womit sie 958734 erhielten. Dann rechneten sie 958734 - 453789 = 504945.

„Ist dieses Ergebnis durch 9 teilbar?", fragte *Susi*.

„Mit dieser Frage seid ihr wieder einmal *Zauberlehrlinge*", meinte Opa. „Es gibt nämlich Regeln dafür, wann eine Zahl durch eine andere teilbar ist. Die Entscheidungen, wann eine Zahl durch 2, durch 5 oder durch 10 teilbar ist, sind ja wohl einfach, was denkt ihr?"

Susi antwortet: „Wenn eine Zahl gerade ist, also am Ende eine 0, 2, 4, 6 oder 8 steht, ist sie durch 2 teilbar."

„Und wenn am Ende eine 0 steht, ist sie durch 10 teilbar, und wenn sie durch 5 teilbar sein soll, muss am Ende eine 5 oder eine 0 stehen", ergänzte *Peter*.

„Richtig", sagte Opa und erklärte dann, dass eine Zahl durch 9 teilbar ist, wenn ihre Quersumme – das ist die Summe aller ihrer Ziffern – durch 9 teilbar ist.

Im obigen Beispiel war die Zahl 504945 zu untersuchen. Die Quersumme ist $5 + 0 + 4 + 9 + 4 + 5 = 27$.
Das ist $3 \cdot 9$, also ist 50945 durch 9 teilbar.
Es ist $504945 = 9 \cdot 56105$.

Für das Beispiel, bei dem mehrere Ziffern vertauscht wurden, ist die Differenz der beiden dann entstehenden Zahlen durch 9 teilbar. Das ist natürlich kein Beweis. Aber man kann beweisen, dass jede Vertauschung von Ziffern immer dazu führt, dass die Differenz durch 9 teilbar ist. Diese Regel kann man auch zu Rechenkontrollen nutzen. Wenn man bei einer Kontrollrechnung eine durch 9 teilbare Differenz erhält, liegt mit hoher Wahrscheinlichkeit ein sogenannter „Zahlendreher", also das Vertauschen zweier Ziffern vor."

Nun meldete sich *Susi* zu Wort: „Gut, das habe ich verstanden, aber warum funktioniert das mit der Quersumme bei der Teilbarkeit durch 9? Gibt es auch Regeln für andere Zahlen?"

„Gehen wir der Reihe nach", antwortete Opa und erklärte die Teilbarkeit durch 9 an dem Beispiel einer vierstelligen Zahl.
Diese sei abcd, wobei a; b; c und d jeweils eine Ziffer zwischen 0 und 9 ist. Dann lässt sich die Zahl schreiben als

$$
\begin{aligned}
& a \cdot 1000 + b \cdot 100 + c \cdot 10 + d \\
={} & a \cdot (999 + 1) + b \cdot (99 + 1) + c \cdot (9 + 1) + d \\
={} & 999 \cdot a + 99 \cdot b + 9 \cdot c + a + b + c + d, \\
={} & 9 \cdot (111 \cdot a + 11 \cdot b + c) + (a + b + c + d).
\end{aligned}
$$

Das Ganze ist aber genau dann durch 9 teilbar, wenn der zweite Summand, die Quersumme $a + b + c + d$, auch durch 9 teilbar ist.

„Diese Gesetzmäßigkeit hängt mit unserem Dezimalsystem zusammen und lässt sich natürlich für größere Zahlen analog fortsetzen", erläuterte Opa. „Außerdem hat man damit auch gleich die Regeln für die Teilbarkeit durch 3 und durch 6. Wie lauten diese wohl?"

Susi antwortete: „Eine Zahl ist durch 3 teilbar, wenn ihre Quersumme durch 3 teilbar ist, denn wie wir gesehen haben, ist der erste Teil durch 9 und damit auch durch 3 teilbar und wenn der zweite Teil, also die Quersumme durch 3 teilbar ist, dann auch die gesamte Zahl. Und wenn sie durch 6 teilbar sein soll, muss sie außerdem noch gerade sein, also auch durch 2 teilbar sein."

„Gut", antwortete Opa und setzte fort: „Die Regeln für die Teilbarkeit durch 4 und durch 8 sind einfach. Eine Zahl ist durch 4 teilbar, wenn die aus den letzten beiden Ziffern bestehende Zahl durch 4 teilbar ist. Und durch 8 ist eine Zahl teilbar, wenn es die aus den letzten drei Ziffern bestehende Zahl ist."
Er erklärte das folgendermaßen:
Wenn man von einer Zahl z die letzen beiden Ziffern, sie sollen a und b heißen, abspaltet, kann man schreiben $z = x \cdot 100 + ab$. Der erste Summand ist durch 4 teilbar, weil 100 ein Vielfaches von 4 ist. Wenn die zweistellige Zahl ab auch durch 4 teilbar ist, und nur dann, kann man 4 ausklammern und z ist durch 4 teilbar.

Will man die Teilbarkeit einer Zahl durch 8 untersuchen, muss man die letzten 3 Ziffern abspalten, weil 100 nicht durch 8 teilbar ist, aber 1000 sehr wohl.

Opa sagte dann noch: „Interessant sind auch die Regeln, mit denen man feststellen kann, ob eine Zahl durch 11 oder durch 7 teilbar ist."

Er erklärte, dass eine Zahl durch 11 teilbar ist, wenn ihre Querdifferenz durch 11 teilbar ist. Diese Querdifferenz erhält man, wenn man bei der Ausgangszahl die von rechts gesehen erste, dritte, fünfte Ziffer usw. (also alle an ungeraden Stellen stehenden Ziffern) addiert, dann die übrigen Ziffern addiert und schließlich die Differenz beider Summen bildet.

Will man zum Beispiel die Zahl 9340518 untersuchen, rechnet man $8 + 5 + 4 + 9 = 26$ und $1 + 0 + 3 = 4$.

Dann rechnet man $26 - 4$ und erhält 22.

Diese Querdifferenz ist durch 11 teilbar, also ist es die Zahl 9340518 auch. (Es ist $9340518 = 11 \cdot 849138$.)

Wenn man wissen will, ob eine Zahl durch 7 teilbar ist, kann man das folgende Verfahren anwenden:

Man multipliziert die am weitesten links stehende Ziffer mit 3 und addiert die nächste Ziffer. Das Resultat multipliziert man wieder mit 3 und addiert die nächste Ziffer. Das Verfahren setzt man fort, bis man die letzte Ziffer addiert hat. Wenn die so entstandene Zahl durch 7 teilbar ist, dann ist es die Ausgangszahl auch. Ist die entstandene Zahl zu groß, wendet man das Verfahren erneut an.

Als Beispiel soll die Zahl 54971 untersucht werden:

$$\text{Man rechnet:} \quad 5 \cdot 3 + 4 = 19;$$
$$19 \cdot 3 + 9 = 66;$$
$$66 \cdot 3 + 7 = 205;$$
$$205 \cdot 3 + 1 = 616;$$
$$616 = 7 \cdot 88.$$

Oder man untersucht 616 weiter, also $6 \cdot 3 + 1 = 19$; $19 \cdot 3 + 6 = 63$; $63 = 7 \cdot 9$. Die Zahl 54971 ist also durch 7 teilbar. Es ist $54971 = 7 \cdot 7853$.

„Kommen wir noch einmal auf verdrehte Zahlen zurück", setzte Opa seine Rede fort. „Nehmt einmal die Zahl 84, lest sie von hinten und addiert die neue Zahl zu der ursprünglichen und wiederholt das Verfahren".

Susi rechnete: $84 + 48 = 132$
$$132 + 231 = 363$$
„Was soll nun sein?", fragte sie.

Opa antwortete: „*Peter* soll das einmal mit der Zahl 158 machen und das Ganze zweimal wiederholen. Mal sehen, ob euch dann etwas auffällt."

Peter rechnete:
$$158 + 851 = 1009$$
$$1009 + 9001 = 10010$$
$$10010 + 01001 = 11011$$

„Es kommen immer Zahlen heraus, die hinten und vorn gleich sind", stellte *Susi* fest.

„So ist es", bestätigte Opa und erklärte, dass solche Zahlen, bei denen vorwärts und rückwärts gelesen die gleiche Ziffernfolge steht, *Palindrom-Zahlen* genannt werden.

Auch in der Sprache gibt es ja solche Palindrome, d.h. Worte oder Sätze, die von hinten und von vorn gelesen werden können. Bekannt ist der Satz: *Ein Neger mit Gazelle zagt im Regen nie.*

Bei Zahlen ergibt sich immer ein Palindrom, wenn man – wie bei den Beispielen – von einer Zahl die Ziffernfolge umgekehrt und die neue zu der alten Zahl addiert. Meist muss man das Verfahren mehrmals wiederholen. Es funktioniert immer, dauert manchmal aber länger. So kommt man bei der Zahl 89 erst nach 24 Schritten zu 88132000023188.

Von allen Zahlen unter 10000 benötigt man nur bei 249 Zahlen mehr als 100 Schritte, um zu einem Palindrom zu gelangen.

Palindrom-Zahlen ergeben sich aber auch, wenn man die Zahlen 11 oder 111 oder 1111 usw. quadriert.

Susi rechnete:

$$11^2 = 121$$
$$111^2 = 12321$$
$$1111^2 = 1234321$$
$$11111^2 = 123454321$$
$$111111^2 = 12345654321$$

Opa ergriff wieder das Wort: „Ein besonderes Phänomen gibt es auch noch bei dreistelligen Zahlen", und er forderte die Kinder auf, eine beliebige dreistellige Zahl (bei der nicht alle Ziffern gleich sind) zu nehmen, diese erst so zu ordnen, dass die größtmögliche Zahl entsteht, und dann so, dass die kleinstmögliche Zahl entsteht. Dann sollten die Differenz der beiden Zahlen bilden, und das Ergebnis umdrehen. Abschließend sind die beiden Zahlen zu addieren.

Susi nahm die Zahl 421 und rechnete:	*Peter* nahm die Zahl 826 und rechnete:
$421 - 124 = 297$	$826 - 628 = 198$
$297 + 792 = 1089$	$981 + 189 = 1089$

„Wir sind beide bei der Zahl 1089 gelandet", stellten sie fest.

„Das ist kein Zufall", sagte Opa. „Man kommt bei allen dreistelligen Zahlen immer zu der Zahl 1089.

Mit dem sogenannten *3a+1-Problem* verhält es sich etwas anders:"

Opa forderte die Kinder auf: „Nehmt eine beliebige Zahl a, teilt sie durch 2, wenn sie gerade ist, sonst bildet 3a + 1. Und wiederholt dann dieses Verfahren immer wieder."

Susi nahm die Zahl 5 und kam zu den Zahlen: 5; 16; 8; 4; 2; 1	*Peter* nahm die Zahl 10 und kam zu den Zahlen: 10; 5; 16; 8; 4; 2; 1

„Ihr seid beide bei 1 angelangt", stellte Opa fest. Manchmal dauert dies auch länger", und gemeinsam schrieben sie die Folge der Zahlen auf, die aus der 7 entsteht, nämlich 7; 22; 11; 34; 17; 52; 26; 13; 40; 20; 10; 5; 16; 8; 4; 2; 1. „Ob man auf diese Weise von allen Zahlen aus immer bei der Zahl 1 landet, ist noch ungewiss. Zwar hat man bisher trotz umfangreicher Rechnungen mit Computern kein Gegenbeispiel gefunden, aber eben auch keinen Beweis", sagte Opa. Nach kurzem Überlegen redete er weiter: „Ich will euch zum Schluss noch ein Ergebnis beim Rechnen mit verdrehten dreistelligen Zahlen zeigen, das der indische Mathematiker D. R. KAPREKAR (1905 – 1986) erst im Jahr 1949 gefunden hat."

Er forderte die Kinder auf, wiederum eine dreistellige Zahl zu nehmen (bei der nicht alle Ziffern gleich sind) und diese erst so zu ordnen, dass die größtmögliche Zahl entsteht, und dann so, dass dann die kleinstmögliche Zahl entsteht. Dann soll die Differenz der beiden Zahlen gebildet werden. Auf das Resultat ist das Verfahren wiederholt anzuwenden.

Susi nahm die Zahl	**Peter** nahm die Zahl
734 und rechnete:	331 und rechnete:
743 − 347 = 396	331 − 133 = 198
963 − 369 = 594	981 − 189 = 792
954 − 459 = 495	972 − 279 = 693
954 − 459 = **495**	963 − 369 = 594
	954 − 459 = **495**

„Wir landen immer bei der Zahl 495", stellte sie fest.

Opa erläuterte, dass man die Zahl 495 auch Kaprekarzahl nennt, weil D. R. KAPREKAR gezeigt hat, dass man sie bei jeder dreistelligen Zahl nach endlich vielen Schritten erhält.

Susi fragte nun gleich: "Geht das nur bei dreistelligen Zahlen?"

„Probiert das doch einmal für zweistellige Zahlen aus", forderte Opa die beiden auf.

Susi nimmt die Zahl	**Peter** nimmt die Zahl
73 und rechnet	60 und rechnet
73 − 37 = 36	60 − 06 = 54
63 − 36 = 27	54 − 45 = 09
72 − 27 = 45	90 − 09 = 81
54 − 45 = 09	81 − 18 = 63
90 − 09 = 81	63 − 36 = 27
81 − 18 = 63	72 − 27 = 45
ab hier wiederholt	ab hier wiederholt
sich das Ganze.	sich das Ganze.

„Bei zweistelligen Zahlen gibt es keine Kaprekarzahl", stellte **Susi** fest.

„Na, das war wohl etwas vorschnell geurteilt", meinte Opa. „Ihr habt ja nur zwei Beispiele gerechnet. Aber wir wissen ja, dass die Differenz bei verdrehten zweistelligen Zahlen immer durch 9 teilbar ist. Also kommen nur die Werte 9; 18; 27; 36; 45; 54; 63; 72; 81 oder 90 infrage. Bei jeder dieser Zahlen landet man aber in den Zyklus, wie in euren Beispielen. Bei zweistelligen Zahlen gibt es also tatsächlich keine Kaprekarzahl".

„Eigentlich war der Beweis überflüssig", wandte *Susi* ein. „Wenn es eine Kaprekarzahl für zweistellige Zahlen geben würde, müsste sie für alle gelten. Wir haben aber an zwei Beispielen gezeigt, dass es keine gibt. Also helfen Beispiele doch".

„Ausgezeichnet", freute sich Opa. „Wenn man eine Behauptung hat, die für alle Zahlen gelten soll, genügt ein sogenanntes Gegenbeispiel als Beweis, dass sie falsch ist. Wenn man aber kein Gegenbeispiel findet, heißt das noch lange nicht, dass die Behauptung richtig ist".

„Gibt es also eine Kaprekarzahl nur bei dreistelligen Zahlen?" wollte *Peter* wissen.

„Probiert es doch einmal mit vierstelligen Zahlen", schlug Opa vor.

Susi rechnete mit 8743	*Peter* rechnete mit 3331
$8743 - 3478 = 5265$	$3331 - 1333 = 1998$
$6552 - 2556 = 3996$	$9981 - 1899 = 8082$
$9963 - 3699 = 6264$	$8820 - 0288 = 8532$
$6642 - 2466 = 4176$	$8532 - 2358 = 6174$
$7641 - 1467 = \mathbf{6174}$	$7641 - 1467 = \mathbf{6174}$

Die Kinder stellten fest: „In den Beispielen ergibt sich immer die Zahl 6174."

Opa bestätigte, dass man bei allen vierstelligen Zahlen immer zur Zahl 6174 kommt und dies also die entsprechende Kaprekarzahl ist. Er bemerkte dann noch, dass es für fünf- und siebenstellige Zahlen keine Kaprekarzahlen gibt. Für sechs-, acht- und neunstellige gibt es jeweils zwei Kaprekar-Zahlen, die bei dem geschilderten Verfahren alternativ erreicht werden: Für sechsstellige Zahlen sind dies 549945 und 631764. Für achtstellige Zahlen ergeben sich 63317664 und 97508421 und für neunstellige Zahlen lauten die Kaprekarzahlen 554999445 und 864197532 Für zehnstellige Zahlen gibt es 3 Kaprekar-Zahlen, nämlich 6333176664, 9753086421 und 9975084201

Opa fasste zusammen: „Jetzt haben wir wieder einige Geheimnisse kennen gelernt, die in den Zahlen stecken und beim nächsten Mal erzähle ich etwas über einen Preis von einhunderttausend Goldmark."

Ein Preis von Hunderttausend Goldmark

Als *Susi* und *Peter* eines Tages wieder einmal bei Opa waren, fiel ihnen die Geschichte von den einhunderttausend Goldmark ein.

„Opa, wir wollen wissen, wie man mit Mathematik einhunderttausend Mark verdienen kann", sagte *Susi*.

„Na, so einfach ist das nicht", meinte Opa. „Aber wenn ihr die Sache mit dem Preis meint, von dem ich neulich sprach, so kann ich das erzählen. Allerdings muss ich dazu etwas ausholen, und ihr müsst auch ein bisschen mitrechnen. Ihr wisst doch, was Quadratzahlen sind. Nun nehmt einmal die Quadratzahlen von 3, 4 und 5 und sagt mir, ob euch etwas auffällt."

Susi schrieb:
$$3^2 = 9;$$
$$4^2 = 16;$$
$$5^2 = 25.$$

„Ich hab's" rief *Peter*. „ 9 plus 16 ist 25."

„Sehr gut", sagte Opa, und er erklärte, dass drei solche Zahlen auch ein *pythagoreisches Zahlentripel* genannt werden, was mit dem bedeutenden Mathematiker PYTHAGORAS VON SAMOS zusammenhängt, worauf er später noch eingehen wolle.

„Zunächst möchte ich wissen, welche Fragen sich aus diesem Tripel 3; 4; 5 ergeben?" wandte er sich an die Kinder.

Susi meinte: „Man müsste fragen:

Gibt es noch mehr solche Zahlentripel?
Wie viele davon gibt es überhaupt?
Wie kann man sie erhalten?"

„Sehr schön, ihr *Zauberlehrlinge*", kam es vom Opa. „Probiert es einmal mit dem Doppelten und dem Dreifachen dieser Zahlen."

Susi rechnete:
$6^2 = 36$; $8^2 = 64$; $10^2 = 100$ und $36 + 64 = 100$

Peter rechnete:
$9^2 = 81$; $12^2 = 144$; $15^2 = 225$ und $81 + 144 = 225$

„Ihr seht", sagte Opa, „wenn man ein Tripel hat, kann man noch beliebig viele andere bilden, diese nennt man dann *unecht*. Aber es gibt auch noch andere echte Tripel. Rechnet einmal mit den Zahlen 5, 12, 13 und 8, 15, 17."

Wieder rechneten die beiden:

$5^2 = 25$; $12^2 = 144$; $13^2 = 169$ und $25 + 144 = 169$
$8^2 = 64$; $15^2 = 225$; $17^2 = 289$ und $64 + 225 = 289$

„Jetzt haben wir drei echte Zahlentripel, nämlich 3; 4; 5 und 5; 12; 13 und auch 8; 15; 17" stellte *Susi* fest.

Opa erinnerte dann daran, dass bei den vollkommenen Zahlen der Name PYTHAGORAS schon einmal erwähnt wurde. Da für ihn und seine Schüler Zahlen etwas Göttliches darstellten, interessierten sie sich natürlich für solche Zahlentripel.

Die Mathematiker der Antike unterschieden nicht – wie wir heute – zwischen Arithmetik und Geometrie. Sie kannten keine Variablen und drückten Beziehungen zwischen Zahlen entweder durch Worte (verbal) oder durch geometrische Veranschaulichungen aus.

„Der Name PYTHAGORAS ist mit einem ganz wichtigen Lehrsatz über rechtwinklige Dreiecke verbunden", setzte Opa seine Rede fort. „Ich will euch das einmal veranschaulichen." Und er zeichnete das folgende Bild:

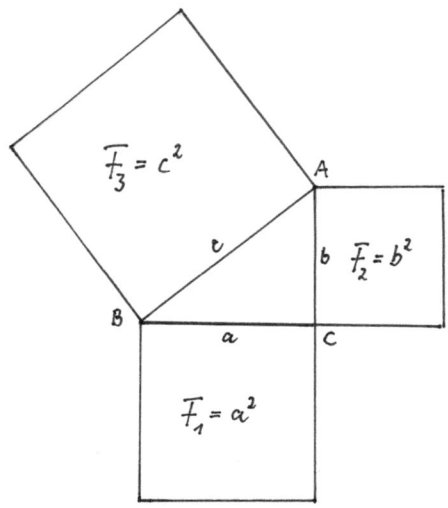

Dazu erläuterte er, dass der Lehrsatz des PYTHAGORAS aussagt:

Wenn das Dreieck ABC mit den Seiten a, b und c bei C rechtwinklig ist, dann sind die Flächeninhalte F_1 und F_2 zusammen genauso groß wie der Flächeninhalt F_3.

Es gilt dann also $a^2 + b^2 = c^2$.

Die Seiten, die den rechten Winkel bilden, nennt man Katheten, und die dem rechten Winkel gegenüberliegende Seite heißt Hypotenuse.

Der Lehrsatz des PYTHAGORAS lautet dann vereinfacht:

In jedem rechtwinkligen Dreieck ist die Summe der Kathetenquadrate gleich dem Hypotenusenquadrat.

„Aha", sagte **Peter**, „wenn also die Katheten 3 cm und 4 cm lang sind, ist die Hypotenuse 5 cm lang."

58

„Richtig", bestätigte Opa, „aber unabhängig davon, wie lang die Katheten sind, gilt für jedes rechtwinklige Dreieck die Beziehung $a^2 + b^2 = c^2$". Und er sagte, dass lange vor PYTHAGORAS bereits den alten Ägyptern und zuvor auch schon den Assyrern diese Beziehungen und die entsprechenden geometrischen Sachverhalte bekannt waren. PYTHAGORAS hat sie vermutlich auf seiner Reise nach Ägypten kennen gelernt.

Opa hob weiter hervor, dass die Umkehrung des Satzes des PYTHAGORAS ebenfalls richtig ist. Das heißt: Wenn für ein Dreieck $c^2 = a^2 + b^2$ gilt, ist es rechtwinklig. Dies kann man ausnutzen, um im Gelände einen rechten Winkel zu erzeugen. Man unterteilt dazu z.B. durch Knoten eine Schnur in 12 gleiche Teile und legt sie so zu einem Dreieck, dass eine Seite 3 Teile, die nächste 4 Teile und die letzte 5 Teile lang ist. Dann ist der Winkel, der der längsten Seite gegenüber liegt, ein rechter Winkel. Wie gesagt, kannten schon die alten Ägypter die entsprechenden Zusammenhänge sowie dieses Verfahren, auch unter Nutzung des Zahlentripels 5; 12; 13.

„Na, das ist ja ganz interessant, aber wo bleibt die Geschichte mit den hunderttausend Mark?", fragte *Susi*.

„Gleich kommen wir dazu", sagte Opa, „aber erst wollen wir uns doch noch etwas mit *pythagoreischen Zahlentriplen* befassen. Wie viele gibt es überhaupt? Wie kann man sie erhalten?"

Er beschrieb, dass bereits der griechische Philosoph PLATON (427 – 347 v. Chr.) einen Weg zum Auffinden solcher Tripel angegeben hat. PLATON stellte fest, dass eine Zahl zum Quadrat vermindert um 1, das Doppelte dieser Zahl und diese Zahl zum Quadrat vermehrt um 1

ein pythagoreisches Zahlentripel bilden. Mit heutiger Symbolik geschrieben:
Die drei Zahlen $n^2 - 1$; $2 \cdot n$ und $n^2 + 1$ sind ein solches Tripel.

In der folgende Tabelle sind einige Werte angegeben:

n	n^2-1	2n	n^2+1	Probe	Bemerkungen
2	3	4	5	$9 + 16 = 25$	
3	8	6	10	$64 + 36 = 100$	unechtes Tripel
4	15	8	17	$225 + 64 = 289$	
5	24	10	26	$576 + 100 = 676$	unechtes Tripel
6	35	12	37	$1225 + 144 = 1369$	
7	48	14	50	$2304 + 196 = 2500$	unechtes Tripel

Das Tripel 48; 14; 50 ist unecht. Wenn man aber alle Zahlen durch 2 teilt, erhält man ein neues echte Tripel 24; 7; 25.

Heute weiß man, dass es unendlich viele echte pythagoreische Zahlentripel gibt. Eine andere Methode, pythagoreische Zahlentripel zu finden, steht im Schlusskapitel.

„Doch nun zu dem Preis", setzte Opa seine Rede fort. „Welche Frage müsstet ihr *Zauberlehrlinge* denn nun als nächste beantworten?"

Peter meinte: „Man müsste fragen, ob es solche Tripel auch dann gibt, wenn man nicht Quadratzahlen, sondern Kubikzahlen nimmt?"

„Das wäre dann $a^3 + b^3 = c^3$ und wie sieht es mit hoch 4, hoch 5 usw. aus?", meinte *Susi*.

„Gut", lobte Opa. „Die Antwort auf die Frage: Gibt es natürliche Zahlen, die die Gleichung $a^n + b^n = c^n$ für $n > 2$ erfüllen, war einmal 100.000 Goldmark wert und das kam so: Mathematiker hatten sich schon sehr lange mit dieser Frage recht intensiv beschäftigt, konnten aber weder solche Zahlen finden noch beweisen, dass es sie nicht geben kann." Opa erklärte weiter, dass PIERRE DE FERMAT die Vermutung geäußert hatte, es gäbe keine solchen Zahlen. Er behauptete, einen Beweis dafür gefunden zu haben.

Nach seinem Tod fand sein Sohn im Buch *Arithmetik* des griechischen Mathematikers DIOPHANTOS VON ALEXANDRIA (um 250 n.Chr.) eine Randnotiz seines Vaters die da lautet: *Es ist unmöglich, einen Kubus in zwei Kuben zu teilen oder ein Biquadrat in zwei Biquadrate oder irgendeine Potenz größer als der zweiten in zwei Potenzen gleichen Grades: Ich habe hierfür einen wunderbaren Beweis entdeckt, aber der Rand ist zu klein, ihn zu fassen.*

Dieser Beweis war allerdings nirgends auffindbar.

Den Mathematikern späterer Zeiten gelang es trotz erheblicher Bemühungen nicht, diese *FERMAT'sche Vermutung* zu beweisen. LEONHARD EULER und EDUARD KUMMER (1810–1893) lieferten wichtige Teilergebnisse, konnten aber einen allgemeinen Beweis nicht führen. Man war deshalb der Meinung, dass sich FERMAT damals irrte und auch keinen Beweis gefunden hatte.

1907 hat nun der Industrielle und Hobby-Mathematiker PAUL WOLFSKEHL einen Preis von 100.000 Goldmark ausgesetzt, den der erhalten sollte, der als erster entweder drei solche Zahlen findet oder die *FERMAT'sche*

Vermutung beweist. Dieser Betrag hat sich durch Geldentwertungen nach den beiden Weltkriegen sehr verringert, ist durch Zinsen aber wieder angewachsen und stand 1994 bei etwa 80.000 DM.

Die mathematischen Institute der Universitäten, allen voran das der Georg-August-Universität Göttingen, welches den Preis zu verwalten hatte, wurden daraufhin mit vielen angeblichen Lösungen überschüttet. Dabei waren auch manche Kuriositäten.

Ein Einsender schickte nur den „halben Beweis" und forderte eine Anzahlung von 1000 Mark und die Zusicherung des Doktorhutes. Dann erst wollte er den zweiten Teil preisgeben, andernfalls wolle er den Beweis den Russen übergeben und dem deutschen Vaterland den Ruhm rauben.

Erst 1994 – also über 300 Jahre nach FERMAT – gelang es dem in Princeton (USA) lehrenden englischen Mathematiker ANDREW WILES (geb.1953), die FERMAT'sche Vermutung zu beweisen.

In der Mathematik gilt jedoch ein Satz erst dann als bewiesen, wenn der Beweis auch der sorgfältigsten Prüfung standhält. Der von WILES angegebene Beweis wurde natürlich von den Spezialisten besonders genau durchgesehen. Und es stellte sich heraus, dass es doch eine Lücke gab, und dass diese Lücke nicht sofort geschlossen werden konnte. Auf dem Züricher Weltkongress der Mathematiker im Jahre 1994 musste WILES zugeben, dass sein Beweis unvollständig war. Es schien so, als ob der WILES'sche Beweis, so überzeugend er auf den ersten Blick auch wirkte, schließlich dasselbe Schicksal erleiden würde wie vorher so viele andere Versuche, das FERMATsche Problem zu lösen, nämlich dass er gescheitert sei.

Es dauerte über ein Jahr, bis schließlich ANDREW WILES mit einem korrigierten Beweis an die Öffentlichkeit trat. Er konnte sich dabei auf Ergebnisse seines früheren Schülers RICHARD TAYLOR (geb. 1962) stützen. Diesmal wurde der Beweis anerkannt und publiziert. Die Göttinger Akademie der Wissenschaften musste satzungsgemäß nach der Publikation noch ein Jahr warten, um sicher zu sein, dass wirklich kein gültiger Einspruch gegen den Beweis erhoben wurde.

Erst danach, nämlich am 27. Juni 1997, wurde der *Wolfskehl-Preis* in Höhe von 80.000,– DM in einer feierlichen Akademiesitzung an ANDREW WILES überreicht.

„Opa, woher weißt du denn das alles?", wollte *Susi* wissen.

„Na, vieles stand in Zeitungen", antwortete Opa „und eine gute Zusammenfassung findet man im Internet, wo der Vortrag von PETER ROQUETTE (geb. 1927) nachzulesen ist, den er am Tag der offenen Tür im Mathematischen Institut der Universität Heidelberg am 24.1.1998 gehalten hat.

Es lässt sich sagen, dass der jetzt vorliegende Beweis der FERMAT'schen Vermutung ein großartiger Erfolg der Arbeit von vielen Mathematikern über einem Zeitraum von mehr als zwei Jahrhunderten ist. Diese Einsicht schmälert sicherlich nicht die Leistung von ANDREW WILES.

Ihr seht, dieses Problem konnte gelöst werden, aber in den Zahlen stecken noch ganz andere Rätsel, doch dazu später", schloss Opa seine Rede.

„Ach ja", setzte er fort „eine interessante Sache will ich noch kurz erzählen. LEONHARD EULER, von dem schon mehrfach die Rede war, stellte die Vermutung auf, dass es keine vier Zahlen a, b, c und d gibt, für die die folgende Gleichung $a^4 + b^4 + c^4 = d^4$ gilt.

Zwei Jahrhunderte lang konnte diese EULER'sche Vermutung nicht bestätigt werden, andererseits jedoch konnte niemand sie durch ein Gegenbeispiel widerlegen. Man nahm also an, dass die Vermutung richtig sei. Aber im Jahre 1988 fand NAOM D. ELKIES (geb.1966) von der Universität Harvard folgende Lösung:

$2.682.440^4 + 15.365.639^4 + 18.796.760^4 = 20.615.673^4$.

ELKIES bewies zudem, dass es unendlich viele Lösungen für die Gleichung $a^4 + b^4 + c^4 = d^4$ gibt. Die EULERsche Vermutung war also falsch, obwohl man aus den ersten Millionen Zahlen kein Gegenbeispiel finden konnte. Also selbst eine so große Zahl von Beispielen taugt nicht zum Beweis einer Vermutung über alle Zahlen."

Probleme beim Wegnehmen und Teilen

Susi verbrachte einen Teil ihrer Ferien wieder einmal bei den Großeltern. Stolz berichtete sie von der Schule und sagte, dass sie in Mathematik zu den Besten gehört.

„Kein Wunder", meinte Opa, „wir haben uns ja viel über Mathematik unterhalten und auch ein bisschen geübt."

„Ja, das war gut", sagte *Susi.* „und jetzt kann ich auch schon mit negativen Zahlen rechnen."

Den letzten Satz hörte *Peter*, der gerade zur Tür hereinkam. „Wir rechnen auch mit ganzen Zahlen, und unser Lehrer hat gesagt, dass die Menschen dies noch gar nicht so lange können", war sein Kommentar.

„Das ist richtig", bestätigte Opa. „Die Zahlen, wie wir sie bisher kannten, also die Zahlen 0; 1; 2; 3; 4 usw. – man nennt sie natürliche Zahlen – kann man nicht immer subtrahieren oder dividieren. Immer aber kann man sie addieren und multiplizieren. Wenn man das Prinzip erst einmal verstanden hat, ist das Ganze kein Problem, als Ergebnis erhält man immer eine natürliche Zahl. So einfach, wie wir die Sache heute im Zeitalter von Taschenrechner und Computer sehen, war das in Vorzeiten allerdings nicht. Denkt einmal an das, was wir über römische Zahlen wissen und versucht die Aufgabe XLVI · XCIIX zu lösen. Da sollte MMMMDVIII herauskommen."

Susi und *Peter* nahmen sich einen Zettel und schrieben: XLVI ist 46 und XCIIX ist 98.

Jetzt rief **Peter**:„46 mal 98 rechne ich im Kopf, das ist 46 mal 100 minus 46 mal 2, also 4600 - 92, also 4508", und er schrieb: 4508 ist MMMMDVIII.

„Aber mit den römischen Ziffern ist das Rechnen sehr umständlich", stellte **Susi** fest.

„Das stimmt", sagte Opa, „in der Antike gab es besondere Sklaven, die die Kunst des Rechnens beherrschten. Sie verwendeten spezielle Rechenbretter mit Rechensteinen, die auf Linien bewegt wurden. Ein solches Rechenbrett wird *Abakus* genannt. Ich zeige euch einmal ein Bild davon."

„Früher konnten wohl die meisten Leute nicht rechnen", fragte **Susi**.

„So war es", bestätigte Opa. Er erklärte, dass weit bis ins Mittelalter hinein die meisten Menschen weder schreiben noch rechnen konnten. Wollten sie zum Beispiel einen Brief oder ein Gesuch schreiben oder einen Vertrag aufsetzen, mussten sie zu einem Schreiber gehen. Und hatte man etwas zu berechnen, zum Beispiel bei Verkäufen oder Erbauseinandersetzungen, ging man zu einem Rechenmeister.

Ein sehr bedeutender Rechenmeister war ADAM RIES. Er lebte von 1492 bis 1559 und führte als einer der ersten das Rechnen mit solchen Ziffern ein, die wir heute verwenden. Man nennt sie auch arabische Ziffern.

Eigentlich müssten sie ja indische Ziffern heißen, weil sie aus dem indischen Kulturkreis stammen und über die Araber zu uns kamen. Die Bücher von Adam Ries waren weit verbreitet und heute noch sagt man manchmal auch *nach Adam Ries(e)*, wenn man ein Rechenresultat bekräftigen will.

Doch nun zu euren Fragen nach den negativen Zahlen.

Beim Subtrahieren von natürlichen Zahlen gibt es Grenzen. Man kann ja nicht mehr wegnehmen, als man hat. Das heißt, die Subtraktion ist im Bereich der natürlichen Zahlen nicht immer ausführbar.
Eine Aufgabe a – b = x ist nur lösbar, wenn a ≥ b gilt.

Susi meldete sich zu Wort: „Wenn es aber nun 5 Grad warm ist und die Temperatur fällt um 8 Grad?"

„Oder auf dem Konto sind 300 Euro und es soll eine Rechnung von 500 Euro bezahlt werden", meinte *Peter*.

Opa antwortete: „Ihr *Zauberlehrlinge* habt ja jetzt in der Schule gelernt, solche Probleme durch die Einführung neuer Zahlen, der negativen Zahlen, zu lösen. Ihr wisst, dass es zu jeder natürlichen Zahl, die jetzt auch positive Zahl heißt, ein Spiegelbild gibt, die entsprechende negative Zahl. Und das Ganze sieht dann so aus:"

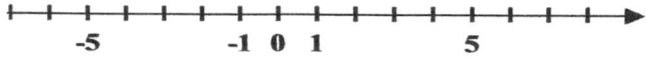

„Ja", sagte *Susi*, „das ist eine Zahlengerade. Aber es stimmt nicht, dass jede natürliche Zahl ein Spiegelbild hat, die Null hat keines."

„Richtig", meinte Opa, „die Null ist ihr eigenes Spiegelbild." Er erklärte weiter, dass der Bereich der natürlichen Zahlen zum Bereich der ganzen Zahlen erweitert wurde. Dabei musste man natürlich noch klären, wie man mit ganzen Zahlen rechnet. Für die Multiplikation gibt es ja die bekannte Regel *Minus mal Minus ist Plus.*

Aber nun kann man die oben genannten Aufgaben ausrechnen und erhält: $5 - 8 = -3$ bzw. $300 - 500 = -200$.

„Wenn man die Regeln aber einmal verstanden hat, ist das Rechnen mit ganzen Zahlen doch gar nicht so schwer", meinte **Peter**.

„Ja, für uns heute nicht", antwortete Opa. „In der Geschichte war das aber durchaus ein längerer Prozess." Er erläuterte, dass negative Zahlen den Mathematikern lange Zeit nicht recht geheuer waren.

So war für die Mathematiker im antiken Griechenland, wie EUKLID, PYTHAGORAS, THALES VON MILET (ca. 630 – ca. 547 v.Chr.), um nur einige zu nennen, jede Zahl immer eine Anzahl von Dingen, z.B. die Länge einer Strecke, der Inhalt einer Fläche, das Volumen eines Körpers usw. Ungeachtet des hohen Niveaus, das die griechische Mathematik zu jener Zeit erreicht hatte, gab es von der Null oder von negativen Zahlen keinen Begriff. Auch die Eins wurde nicht als Zahl angesehen, sondern als Monade, das heißt als das Einfache, Unteilbare, aus dem alle anderen Zahlen hervorgehen. DIOPHANTOS beschäftigte sich mit zahlentheoretischen Fragen und dem Lösen von Gleichungen. Er wusste, dass es auch negative Lösungen gab, ließ diese aber nicht gelten. Zum Beispiel war x + 10 = 5 für ihn keine richtige Gleichung.

Im indischen Kulturkreis wurden aber zum Beschreiben von Schulden negative Zahlen angewandt. Man findet sie bei BRAMAGUPTA (geb. 560 v. Chr.) und auch bei BHASKARA (geb. 1114).

Im alten China wurden bereits ab dem 12. Jahrhundert v. Chr. rote bzw. schwarze Rechenstäbchen zur Darstellung positiver bzw. negativer Zahlen verwendet.

In Europa konnten sich die Mathematiker des Mittelalters Zahlen, die weniger als Nichts bedeuten, also negative Zahlen, nur schwer vorstellen. Noch 1532 wird von KOBEL (1462 – 1533) in einem deutschen Rechenbuch die Meinung vertreten, dass selbst Eins keine Zahl, sondern das erzeugende Prinzip aller Zahlen sei.

Negative Zahlen wurden erstmals von den Mathematikern der Renaissance benutzt, aber zunächst nur mit großer Zurückhaltung. So kannte sie der deutsche Mathematiker MICHAEL STIFEL (1487 – 1576) zwar, hielt sie aber für absurde und fiktive Gebilde. Auch die Mathematiker RENE DESCARTES und BLAISE PASCAL gingen sehr vorsichtig mit negativen Zahlen um. Allmählich wurden dann aber Zahlen, die kleiner als Null sind (und weniger als Nichts repräsentieren) akzeptiert. Besonderen Anteil hatten hierbei GIROLAMO CARDANO (1501 – 1576) und JOHN WALLIS (1616 – 1703), beides Mathematiker, die sich mit dem Lösen von Gleichungen (auch höheren Grades) beschäftigt haben.

„So, ihr beiden", beendete Opa seine Rede, „ihr seht, wie manches heutzutage doch recht einfach geworden ist. Und über die Probleme, die es beim Teilen gab und gibt, können wir ja ein andermal reden."

Es ist einige Tage später und die beiden *Zauberlehrlinge* saßen wieder einmal in Opas Arbeitszimmer.

Susi stellte fest: „Wir können mit negativen Zahlen rechnen, aber auch mit Brüchen."

„Ja", sagte Opa, „ihr seid eben schlaue Kinder. Früher war das anders. So hat ein Freund MARTIN LUTHER's, der Wittenberger Professor PHILIPP MELANCHTHON, der von 1497 bis 1560 lebte, gesagt, er halte die Bruchrechnung für so schwierig, dass sie nur den begabtesten Studenten beigebracht werden könne."

„Das merke ich mir, da kann ich einige Mitschüler trösten", meinte *Peter*.

Opa redete weiter und erklärte, dass die Menschen früher mit dem Teilen große Schwierigkeiten hatten. Zwei natürliche Zahlen lassen sich zwar immer multiplizieren, man erhält stets wieder eine natürliche Zahl, aber beim Dividieren sieht es anders aus. Es gibt Zahlen, die sich und durch viele andere teilen lassen, aber Primzahlen sind nur durch sich selbst und 1 teilbar.
Die Bevorzugung der Zahlen 6; 12 (*Dutzend*) und 15 (dafür war einst der Name *Mandel* gebräuchlich) oder auch der Zahl 60 (die als *Schock* bezeichnet wurde) beruht sicher auch auf der Tatsache, dass sie besonders viele Teiler haben. Andererseits dürften die *Böse Sieben,* die nach der *schönen* Zahl 6 kommt, sowie die *Unglückszahl 13*, die der *guten* 12 folgt, ihren Ruf auch dem Fehlen jeglicher Teiler zu verdanken haben.

Jetzt wandte sich Opa wieder direkt an die Kinder: „Was macht ihr denn bei Aufgaben, die nicht aufgehen?

Wenn zum Beispiel zwei Stück Kuchen gleichmäßig an drei Kinder zu verteilen sind oder 100 Euro an 8 Personen?"

„Wir rechnen mit Brüchen", sagte **Peter** und erklärte:

„Zwei geteilt durch drei ist $^2/_3$ und jeder erhält zwei drittel Kuchen.

Einhundert geteilt durch acht ist $\dfrac{100}{8} = \dfrac{50}{4} = \dfrac{25}{2} = 12,5$.

Jeder erhält also 12,50 Euro."

„So ist es richtig", bestätigte Opa und erklärte, dass man den Bereich der natürlichen Zahlen auch hier erweitert hat. Es wurden neue Zahlen geschaffen, die gebrochenen Zahlen, mit denen man nach festgelegten Regeln rechnen kann. Dabei wurden die Regeln so aufgestellt, dass für Brüche mit dem Nenner 1 die Regeln für das Rechnen mit natürlichen Zahlen gelten.

In der historischen Entwicklung war das Rechnen mit Brüchen viel früher gebräuchlich als das mit negativen Zahlen.

Von den alten Ägyptern ist bekannt, dass sie mit Brüchen rechnen konnten. Alle Brüche wurden auf Stammbrüche, das sind Brüche, deren Zähler 1 ist, zurückgeführt. Sie verwendeten z.B. folgende Zerlegungen:

$$\frac{2}{7} = \frac{1}{4} + \frac{1}{28}; \qquad \frac{2}{97} = \frac{1}{56} + \frac{1}{679} + \frac{1}{776}$$

Im Schlusskapitel wird dies nachgerechnet.

Die einzige Ausnahme bildete $^2/_3 = 1 - {}^1/_3$, wofür ein gesondertes Zeichen verwendet wurde. Im *Papyrus Rind*, das um 1650 v. Chr. geschrieben wurde, aber viel älteres Material enthält, findet sich eine Tafel, in der zu Brüchen mit dem Zähler 2 und allen ungeraden Nennern von 5 bis 331 die Zerlegung in Stammbrüche angegeben ist.

Im antiken Griechenland suchte man das Rechnen mit Brüchen dadurch zu vermeiden, dass man zu kleineren Einheiten überging. Im Zusammenhang mit Teilverhältnissen von Strecken war den griechischen Mathematikern ein Rechnen mit einfachen Brüchen durchaus geläufig. Ein unlösbares Problem war für sie aber die Tatsache, dass sich bestimmte Streckenverhältnisse (z.B. Diagonale und Seitenlänge eines Quadrates, Umfang und Durchmesser eines Kreises) nicht durch ganzzahlige Teilverhältnisse ausdrücken lassen. Daraus resultierten die sogenannten drei klassischen Probleme der antiken Mathematik, die viele Mathematiker bis in die Neuzeit beschäftigt haben. Darauf wird später noch näher eingegangen.

„Jetzt wollen wir einmal zusammenfassen, was wir über Zahlen und das Rechnen wissen", sagte Opa.

Susi begann: „Natürliche Zahlen kann man immer addieren und multiplizieren. Will man immer subtrahieren, braucht man auch negative Zahlen."

„Jede negative Zahl ist Spiegelbild einer natürlichen Zahl", ergänzte *Peter*. „Und die Null ist ihr eigenes Spiegelbild", kam es von *Susi*.

„Sehr gut", lobte Opa. „Die natürlichen Zahlen und ihre Spiegelbilder ergeben zusammen den *Bereich der ganzen Zahlen*.

Peter fuhr fort: „Will man natürliche Zahlen immer dividieren, braucht man Brüche, und wenn man mit Brüchen rechnen will, muss man Erweitern und Kürzen können und wissen, wie man mit Brüchen rechnen kann."

„Ausgezeichnet", sagte Opa und erklärte, dass die Brüche mit dem Nenner 1 den natürlichen Zahlen entsprechen. Die Gesamtheit aller Brüche, die nicht durch Erweitern oder Kürzen auseinander hervorgehen, bilden den *Bereich der gebrochenen Zahlen*. Gebrochene Zahlen lassen sich auf einem sogenannten Zahlenstrahl grafisch darstellen.

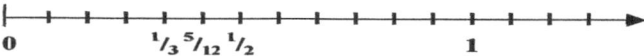

„Was denkt ihr, wie viele Brüche haben noch zwischen $\frac{1}{3}$ und $\frac{1}{2}$ Platz?", fragte Opa.

„Na, da passen schon noch einige dazwischen", antwortete *Susi*.

„Deine Aussage ist aber ziemlich ungenau", antwortete Opa. „Wir wollen uns die Sache einmal gründlicher ansehen: Es gilt doch: $1/3 = 4/12$ und $1/2 = 6/12$ und dazwischen liegt sicher der Bruch $5/12$".

Jetzt wurde *Peter* munter: „Zwischen $1/3 = 4/12$ und $5/12$ liegt wieder ein Bruch. Wir rechnen: $4/12 = 8/24$ und $5/12 = 10/24$, womit wir $9/24$ als einen Bruch zwischen beiden finden".

Nun mischte sich *Susi* ein: „Wenn das immer so weiter geht, dann liegen zwischen zwei Brüchen ja noch unendlich viele andere Brüche."

„So ist es", bestätigte Opa. „Unendlich gibt es eben nicht nur bei *unendlich groß*, sondern auch bei *unendlich klein*. Unendlich heißt eben, immer weiter, immer weiter. Zwischen zwei gebrochenen Zahlen, auch wenn sie ganz dicht beieinander liegen, gibt es immer noch unendlich viele weitere. Man sagt auch: *Die gebrochenen Zahlen liegen überall dicht*. Er erklärte, dass die gebrochenen Zahlen zusammen mit ihren Spiegelbildern, den negativen gebrochenen Zahlen den *Bereich der rationalen Zahlen* bilden. *Rational* heißt übersetzt vernünftig, oder verstandesmäßig erfassbar.

„Dann gibt es wohl auch unvernünftige Zahlen?" fragte *Susi*.

Opa schmunzelte und antwortete: „Da hast du nicht unrecht, aber dazu kommen wir sicher später einmal." Für heute wollen wir nur noch festhalten, dass man die rationalen Zahlen auf einer Zahlengeraden grafisch darstellen kann, und dass selbstverständlich auch diese überall dicht liegen."

Und er zeichnete folgendes Bild:

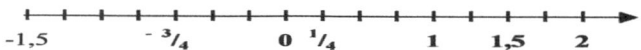

Opa überlegte, dass man eigentlich noch die Sache mit der *Abzählbarkeit* der gebrochenen Zahlen erklären müsste, meinte aber, dass dies besser im Schlusskapitel geschehen sollte.

Vernünftige und unvernünftige Zahlen

Nach einiger Zeit war *Susi* wieder einmal bei Opa und fragte:

„Du, Opa, wie war denn das mit den drei großen Problemen, die die Menschen lange nicht lösen konnten?"

Peter, der selbstverständlich auch dabei war, wollte gleich wissen, ob es für die Lösung auch Preise gegeben habe.

„Nein, Preise gab es nicht", antwortete Opa, „aber der Mann, dessen Überlegungen letztlich die Lösungen ermöglichten, wurde berühmt. Er hieß EVARISTE GALOIS, lebte von 1811 bis 1832 und hatte ein trauriges Schicksal. Doch wenn ihr wollt und ein bisschen Zeit habt, erzähle ich die Sache von Anfang an."

„Na klar", sagten beide Kinder fast gleichzeitig.

Und Opa schilderte als erstes das sogenannte *Delische Problem*. Es wird gern folgendermaßen beschrieben:

Der Altar des Gottes Apollon im Heiligtum auf der griechischen Insel Delos hatte die Form eines Würfels. Ein Orakelspruch besagte, dass die Pest auf Delos erst dann zu Ende ginge, wenn man das Volumen dieses Altars verdoppeln würde. Man spricht deshalb vom Problem der *Verdopplung des Kubus*. Das griechische Wort für Würfel heißt *Kybos* und im lateinischen sagt man *Cubus*. In unserer Maßeinheit Kubikmeter kommt dies auch vor.

„An dem Problem sollen die alten Griechen gescheitert sein", wunderte sich **Peter**. Man kann doch einfach die Kante des Würfels verdoppeln."

„Völlig falsch", antwortete Opa. „Überlegt bitte genauer. Nehmt einmal an, der ursprüngliche Würfel hat die Kantenlänge von 1m. Wie groß ist dann sein Volumen? Und wie groß ist das Volumen eines Würfels mit der Kantenlänge 2 m?"

Susi antwortete: „Zu Frage 1: Das Volumen ist 1 Kubikmeter und zu Frage 2: Das Volumen ist 8 Kubikmeter, denn man muss $2 \cdot 2 \cdot 2$, also 2^3 rechnen."

Jetzt wurde **Peter** munter. „Wir suchen also eine Zahl, deren dritte Potenz 2 ist."

„Richtig", sagte Opa. „Nennen wir die Zahl z, dann muss $z^3 = 2$ gelten. Dafür sagt man auch z ist die dritte Wurzel aus 2 und schreibt $\sqrt[3]{2}$. Wir wollen überlegen, wie diese Zahl aussehen könnte. Ich schlage vor, wir legen uns einmal eine Übersicht an."

Die Kinder nahmen einen Taschenrechner und Opa schrieb:

z	z^3
1,2	1,728
1,3	2,197
1,25	1,953125
1,26	2,000376

„Die Zahl z muss also zwischen 1,25 und 1,26 liegen", stellte **Peter** fest.

„So ist es", bestätigte Opa, „aber wir können noch so lange rechnen, wir finden keinen endlichen Dezimalbruch, dessen dritte Potenz 2 ist. Übrigens auch keinen unendlich periodischen."

Er erklärte weiter, dass man jeden gewöhnlichen Bruch in einen Dezimalbruch umwandeln kann, wobei man entweder einen endlichen Dezimalbruch erhält, oder einen, der irgendwann periodisch wird, also wiederkehrende Ziffernfolgen enthält.

„Wenn das so ist", meldete sich **Susi** zu Wort, dann ist $z = \sqrt[3]{2}$ eben kein Bruch."

„Ist z dann überhaupt eine Zahl", wollte **Peter** wissen. „Und wenn es eine ist, dann ist es eben eine *unvernünftige Zahl*".

„Gut überlegt", sagte Opa. „Aber schauen wir uns einmal die folgende Zeichnung an: In einem Quadrat mit der Seitenlänge 1 ist die Diagonale.

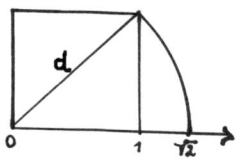

eingezeichnet Wie lang ist diese wohl? Denkt an den Lehrsatz des Pythagoras"

Peter antwortete: „ Wenn die Diagonale d ist, dann gilt: $d^2 = 1^2 + 1^2 = 2$. Also ist d = $\sqrt{2}$ "

„Sehr schön", anerkannte Opa. „Es gibt also einen Punkt auf der Zahlengeraden, der $\sqrt{2}$ entspricht und dies ist keine rationale Zahl."

„Vielleicht gibt es aber doch einen Bruch an dieser Stelle, denn die gebrochenen Zahlen liegen doch überall dicht", wandte **Susi** ein.

„Es gefällt mir, wie du mitdenkst", antwortete Opa. „Aber es lässt sich sehr schnell beweisen, dass $\sqrt{2}$ keine rationale Zahl ist. Dieser Beweis wird indirekt geführt. Dazu geht man von einer Annahme aus und zeigt, dass diese falsch und somit das Gegenteil davon richtig ist." Er erklärte den beiden den Beweis:

Man nimmt an, $\sqrt{2}$ sei eine gebrochene Zahl. Dann lässt sie sich darstellen als $\sqrt{2} = \frac{p}{q}$, wobei p und q soweit wie möglich gekürzt sein sollen, also keinen gemeinsamen Teiler haben dürfen. Nun quadriert man beide Seiten und erhält $2 = \frac{p \cdot p}{q \cdot q}$.

Wenn der Bruch den Wert 2 annehmen soll, dürfen aber p und q nicht teilerfremd sein.

Die Annahme, dass $\sqrt{2}$ eine gebrochene Zahl ist, führt also zu einem Widerspruch und ist daher falsch.

Zwischen den unendlich vielen Punkten auf der Zahlengeraden, die den rationalen Zahlen zugeordnet sind, gibt es also noch Punkte, die nicht rationalen Zahlen entsprechen. Die zugehörigen Zahlen nennt man *irrationale Zahlen*.

Es gibt unendlich viele irrationale Zahlen.

Es ist sicher schwer vorstellbar, dass es zwischen den überall dicht liegenden rationalen Zahlen noch unendlich viele irrationale gibt. Damit ist wohl verständlich, dass die Mathematiker der Antike und des Mittelalters an dem Problem der irrationalen Zahlen (der Name macht es ja auch deutlich) gescheitert sind.

Für praktische Anwendungen kann man sich jeder irrationalen Zahlen beliebig genau annähern, weil die gebrochenen Zahlen überall dicht liegen.

Für die Zahl $z = \sqrt[3]{2}$ wurde damit schon begonnen und es wurde klar, dass sie zwischen 1,25 und 1,26 liegen muss. Das dabei angewandte Verfahren lässt sich – zumindest theoretisch – immer weiter fortsetzen.

Übrigens hat der große deutsche Mathematiker CARL FRIEDRICH GAUß, er lebte von 1777 bis 1855, bewiesen, dass eine Wurzel aus einer natürlichen Zahl entweder eine natürliche Zahl oder eine irrationale Zahl ist. Das Problem der irrationalen Zahlen hat Mathematiker vieler Epochen beschäftigt. Es wurde erst vollständig gelöst durch die Arbeiten von KARL WEIERSTRASS (1815 – 1897), RICHARD DEDEKIND (1831 – 1616) und GEORG CANTOR (1845 – 1918).

Die Gesamtheit der rationalen und irrationalen Zahlen bildet nunmehr den neuen *Bereich der reellen Zahlen.*

Nun erst gilt: *Jedem Punkt auf der Zahlengeraden kann eine reelle Zahl zugeordnet werden und umgekehrt auch jeder reellen Zahl ein Punkt.*

Jetzt meldete sich **Susi** zu Wort:

„Alles schön und gut, aber die alten Griechen konnten doch $\sqrt{2}$ als Streckenlänge konstruieren, obwohl es sich um eine irrationale Zahl handelt. Wieso konnten sie dies nicht bei $\sqrt[3]{2}$?"

„Die Frage ist berechtigt", antwortete Opa. Er erklärte, dass die Mathematiker des antiken Griechenland mit Quadratwurzeln tatsächlich keine Probleme hatten, zumal für sie Mathematik zuallererst Geometrie war. Aber eine Konstruktion mit Zirkel und Lineal für die dritte Wurzel aus einer Zahl, die keine Kubikzahl ist, gelang weder ihnen, noch den Mathematikern späterer Jahrhunderte, obwohl es nicht an Versuchen mangelte, wenigstens $\sqrt[3]{2}$ zu konstruieren und so das Problem der Verdopplung des Kubus zu lösen.

Wie schon gesagt, gelang erst mit den Erkenntnissen des französischen Mathematikers EVARISTE GALOIS, vor allem mit der von ihm entwickelten Gruppentheorie, der Beweis, dass dieses Problem prinzipiell unlösbar ist. EVARISTE GALOIS hat sich sein mathematisches Wissen weitgehend selbständig aus Büchern angeeignet. Er war ein Genie, aber auch ein schwieriger Charakter. So hat er bei der Aufnahmeprüfung für die berühmte Pariser Hochschule *Ecole polytechnique* die Fragen der Prüfer nicht beantwortet, weil sie ihm viel zu einfach schienen und seinem mathematischen Genie nicht gerecht wurden. Natürlich ist er dann durchgefallen. Mit 20 Jahren ist er zu einem politisch motivierten Duell gefordert worden. In der Nacht davor hat er seine grundlegende mathematische Theorie zu Papier gebracht. Bei dem Duell am 30.5.1832 ist er schwer verletzt worden und tags darauf in einem Krankenhaus verstorben. Die Geschichte des EVARISTE GALOIS hat LEOPOLD INFELD in seinem Buch *Wen die Götter lieben* wunderbar beschrieben. „Ich lese euch einmal den Schluss vor", setzte Opa seine Rede fort. Er ging zum Bücherschrank, holte das Buch, schlug es auf und las:

Als Galois starb, kannte man ihn als glühenden Republikaner, der Frankreich liebte, der die Freiheit liebte, der die Tyrannei bekämpfte und hasste. Der Mathematiker von heute ..... kennt ihn als einen der größten Mathematiker aller Zeiten. Doch solange er lebte, war er beides. Seine Geschichte verdient, gekannt und erinnert zu werden – nicht nur von Mathematikern, sondern von allen freien Menschen.

Nun meldete sich **Peter** zu Wort: „Also, das Buch werde ich bestimmt einmal lesen. Aber was sind denn die anderen klassischen Probleme der Mathematik? Vorhin war doch von drei Problemen die Rede."

„Gut", sagte Opa und ging noch kurz auf die anderen beiden Probleme ein.

Ein zweites Problem war die sogenannte *Trisektion des Winkels*, worunter man die Aufgabe versteht, einen beliebigen Winkel mit Zirkel und Lineal in drei gleiche Teile zu zerlegen.

Diese Aufgabe hat auch Generationen von Mathematikern beschäftigt. Man erkannte schließlich, dass sie auf eine Gleichung 3. Grades führt. Mit Hilfe der Galois-Theorie ließ sich zeigen, dass diese Gleichung – und damit auch die Trisektion des Winkels – unlösbar ist.

Bekannter dürfte das dritte Problem sein, nämlich die *Quadratur des Kreises.* Damit ist die Aufgabe gemeint, mit Zirkel und Lineal ein Quadrat zu erzeugen, das genau den gleichen Flächeninhalt hat wie ein vorgegebener Kreis. Dieses Problem hatte auch für mathematische Laien hohe Attraktivität, weil es ohne tiefergehendes mathematisches Wissen verständlich ist. In Verbindung mit vielen vergeblichen Lösungsversuchen namhafter Wissenschaftler entstand ein regelrechter Nimbus um die Kreisquadratur.

Ein weiterer Grund für die zahlreichen Bemühungen zur Lösung dieses Problems war die verbreitete – allerdings falsche – Meinung, dass auf die Lösung des Problems ein hoher Preis ausgesetzt sei. Die Sage von dem Preis hielt sich aber hartnäckig. 1891 war sogar in Meyers Konversations-Lexikon noch zu lesen, dass Karl V. 100.000 Taler und die holländischen Generalstaaten eine noch höhere Summe ausgesetzt hätten.

Das Problem der Quadratur des Kreises hat sogar in die Literatur Eingang gefunden. Ein Prediger aus Ravensburg, er hieß MERKEL, schrieb im 18. Jahrhundert über die Quadratur des Kreises. Ihm widmete GOTTHOLD EPHRAIM LESSING das Gedicht: *Auf den Herrn M**, den Erfinder der Quadratur des Zirkels.*

Übrigens wäre das Problem auch gelöst, wenn es gelänge, eine Strecke zu konstruieren, die die gleiche Länge hat wie der Umfang eines vorgegebenen Kreises. Aber beides geht nicht.

Das liegt an der besonderen Eigenschaft des Verhältnisses von Kreisumfang zu seinem Durchmesser. Diese Verhältniszahl heißt heute pi und wird mit dem griechischen Buchstaben π bezeichnet.

Die griechischen Worte περιφέρεια periphereia (Randbereich) bzw. περίμετρος perimetros (Umfang) beginnen mit diesem Buchstaben. Der Waliser Gelehrte WILLIAM JONES (1675 – 1749) verwendete diese Bezeichnung erstmals 1706 in einem Buch.

Die Kreiszahl π hat die Menschen immer sehr beschäftigt, weil sie mit den praktischen Problemen der Berechnung von Kreisumfängen und -flächen zusammenhängt. Dazu verwendete man Näherungswerte, z.B. die Zahl 3, was eine ziemlich grobe Näherung ist, oder den Bruch $^{22}/_7$, der eine recht gute Annäherung ergibt.

Im Jahre 1761 (oder 1767) wurde von JOHANN HEINRICH LAMBERT (1728 – 1777) bewiesen, dass π eine irrationale Zahl ist.

Bekanntlich gibt es aber irrationale Zahlen, die sich konstruieren lassen, zum Beispiel $\sqrt{2}$.

Im Jahr 1882 konnte dann der deutsche Mathematiker FERDINAND VON LINDEMANN (1852 – 1939) beweisen, dass dies für π nicht der Fall ist. Damit war der Beweis erbracht, dass die Quadratur des Kreises unmöglich ist.

Solche Zahlen wie π nennt man *transzendent*, das ist lateinisch und bedeutet überschreitend. Es gibt unendlich viele transzendente Zahlen.

Da π eine irrationale Zahl ist, ist ihre Darstellung als Dezimalbruch unendlich lang und nicht periodisch.

Die ersten 100 dezimalen Nachkommastellen lauten:

π = 3,14159 26535 89793 23846 26433 83279 50288
41971 69399 37510 58209 74944 59230 78164
06286 20899 86280 34825 34211 70679 ...

Der derzeitige Rekord der Berechnung von π wird von YASUMASA KANADA (geb.1949) auf einem HITACHI-Supercomputer mit 1.241.100.000.000 (gut 1,2 Billionen) Stellen gehalten.

„So, nun ist Schluss für heute", sagte Opa.

„Ja, wir wissen ja nun auch alles über Zahlen", meinte *Susi*.

Opa lachte. „Nein, ihr Beiden seid immer noch *Zauberlehrlinge*."
Er erwähnte, dass mit den reellen Zahlen das Ende der Zahlbereichserweiterungen noch nicht erreicht ist, weil es Gleichungen gibt, die in diesem Bereich nicht lösbar sind, z.B. $x^2 + 1 = 0$. Will man diese lösen, braucht man neue, die sogenannten *komplexen Zahlen*. Darauf soll im Schlusskapitel eingegangen werden. Mit der Bemerkung, dass es auch sonst noch viel an den Zahlen zu entdecken gibt, beendete Opa seine Ausführungen

Die Rechnung des kleinen Gauß

Susi und *Peter* langweilten sich. Sie gingen zum Opa und fragten: „Kannst Du uns etwas Interessantes von den Zahlen erzählen?"

„Kann ich schon", antwortete dieser. Erinnert ihr euch noch, dass ich einmal den großen deutschen Mathematiker CARL FRIEDRICH GAUß erwähnt habe? Von ihm ist eine schöne Anekdote aus seiner Schulzeit überliefert".

Sein Lehrer betrieb nebenbei die Imkerei und benötigte Zeit zum Einfangen eines Bienenschwarmes.
Er stellte daher seinen Schülern eine Aufgabe, die sie einige Zeit beschäftigen sollte. Er forderte sie auf, die Zahlen von 1 bis 100 zu addieren.

Er hatte die Aufgabe gerade gestellt und wollte zur Tür gehen, da rief der neunjährige Gauß schon das richtige Ergebnis, nämlich 5050.

„Könnt ihr euch denken, wie Gauß das gemacht hat?", fragte Opa.

Er erklärte, dass Gauß nicht wie seine Mitschüler brav $1 + 2 + 3 + 4 + 5 + \ldots$ usw. gerechnet hatte, sondern sich folgendes überlegte: $100 + 1$ und $99 + 2$ und $98 + 3$ und $97 + 4$ usw. bis $50 + 51$ ergeben immer 101.

Wenn man immer zwei Zahlen zusammenfasst, gibt es genau 50 solche Paare. $50 \cdot 101 = 5050$ ist also das Ergebnis.

Unter Schmunzeln fuhr Opa fort: „Hieraus könnt ihr lernen, dass oftmals gründliches Nachdenken aufwändiges Rechnen ersparen kann. Was kommt denn heraus, wenn nur die geraden Zahlen von 2 bis 100 addiert werden?", wandte er sich an *Susi*.

„Na, das ist ja nun kinderleicht", antwortete diese.
„Wir rechnen $100 + 2$ und $98 + 4$ und $96 + 6$ und immer so weiter. Das Ganze geht 25 mal bis $52 + 50$.
Also rechnen wir $25 \cdot 102$ und erhalten 2550."

„Und was erhält man, wenn die geraden Zahlen nur bis 90 addiert werden?" fragte Opa.

Peter kratzte sich am Kopf und antwortete:
„Bis 90 sind es nur 45 gerade Zahlen. Wenn ich $90 + 2$ und $88 + 4$ usw. rechne, erhalte ich jedes Mal 92.
Aber das kann ich nur 22 mal machen. Bis zu $44 + 48$ und dann bleibt die 46 übrig. Ich kann also $22 \cdot 92$ rechnen und muss dann noch 46 addieren. Das Ergebnis ist dann 2070."

„Gut überlegt", sagte Opa, „aber nur mit Beispielen rechnen ist keine richtige Mathematik."

„Da müsste man allgemeiner herangehen und Formeln finden", meinte *Susi*.

„Genauso haben es die Mathematiker gemacht", antwortete Opa. Er erklärte, dass für derartige Probleme der Begriff *Zahlenfolge* benutzt wird. Unter einer Zahlenfolge versteht man eine Menge von (reellen) Zahlen, die so geordnet ist, dass feststeht, welche die 1. Zahl, welche die 2., welche die 3. Zahl ist usw. Die einzelnen Zahlen der Folge nennt man auch ihre Glieder und diese werden von 1 an durchnummeriert.

Opa nahm ein Blatt Papier und schrieb folgende Beispiele auf:

a) 1; 2; 3; 4; 5;...   sind die natürlichen Zahlen.

b) 2, 4; 6; 8; 10;...   sind die geraden Zahlen.

c) 7; 14; 21; 28; 35;... sind Vielfachen von 7.

d) 2; 4; 8; 16;...

e) 1; $^1/_2$; $^1/_3$; $^1/_4$;...

f) 1; -2; 3; -4; 5; -6;...

g) 1; $^1/_2$; $^1/_4$ $^1/_8$; $^1/_{16}$;...

h) 7; 7; 7; 7;...

i) 1; 2; 4; 7; 11; 16;...

j) 1; 1; 2; 3; 5; 8; 13; 21;...

k) 2; 3; 5; 7; 11; 13;...

„Könnt ihr mir sagen, wie man die Beispiele d) bis k) beschreiben könnte?", fragte Opa.

Susi antwortete: „Im Beispiel d) ist jede Zahl das Doppelte der vorhergehenden, und im Beispiel e) wird der Nenner immer um 1 größer."

„Und im Beispiel f) sind es eigentlich die natürlichen Zahlen, aber abwechselnd positiv und negativ, und im Beispiel g) ist jede Zahl die Hälfte der vorhergehenden", erklärte *Peter*.

Jetzt meldete sich wieder *Susi*: „Das Beispiel h) ist richtig komisch, da steht ja immer die gleiche Zahl, und im Beispiel k) stehen sicher die Primzahlen. Aber mit den Beispielen i) und j) kann ich nichts anfangen."

„Das habt ihr alles schön erklärt", stellte Opa fest. „Im Beispiel i) solltet ihr einmal auf die Differenzen zwischen den Zahlen achten."

„Ich hab's", rief *Peter*. „Erst wird 1, dann 2, dann 3 usw. dazu gezählt."

„Richtig, sagte Opa, „und das Beispiel j) ist eine Folge, auf die wir später nochmals zurückkommen. Sie beginnt mit 1 und 1 und dann ist die nächste Zahl immer die Summe der beiden vorhergehenden." Weiter erläuterte Opa einige Festlegungen, die man getroffen hat, um Zahlenfolgen genau beschreiben und mit ihnen arbeiten zu können.

Eine Zahlenfolge beschreibt man als (a_n) und gibt dann, wenn es möglich ist, die Glieder dieser Folge, in geschweiften Klammern an. Also: $(a_n) = \{a_1;\ a_2;\ a_3;\ \ldots\}$

Man kann nun zwischen endlichen und unendlichen Zahlenfolgen unterscheiden.

Endlich nennt man eine Zahlenfolge, wenn sie nur endlich viele Glieder hat. Dann ist die Sache relativ einfach, man gibt alle Glieder an.

Hat eine Zahlenfolge aber unendlich viele Glieder, ist sie also unendlich, geht das natürlich nicht. Deshalb möchte man eine Vorschrift finden, nach der sich die einzelnen Glieder berechnen lassen. Man nennt diese Vorschrift das *Bildungsgesetz der Folge* und versucht, dafür möglichst eine Formel zu finden.

Opa forderte die Kinder auf, sich die genannten Beispiele nochmals anzusehen und gemeinsam mit ihm zu versuchen, passende Formeln zu finden.

Sie nahmen das Blatt von vorhin und füllten es aus: „Beispiel a) ist einfach, wir schreiben $a_n = n$", sagte *Susi*.

„Richtig", meinte Opa, „aber wir müssen vereinbaren, dass n der Reihe nach alle natürlichen Zahlen von 1 an durchläuft. Das ist in der Mathematik üblich. Wenn es Abweichungen gibt, muss man diese angeben. Da wir außerdem kennzeichnen wollen, dass es sich um Zahlenfolgen handelt, schreiben wir (a_n) davor und setzen die Zahlen in geschweifte Klammern. Das Bildungsgesetz heben wir hervor." Sie schrieben:

a) $(a_n) = \{1, 2; 3; 4; 5; \ldots\ldots\}$ $\mathbf{a_n = n}$

b) $(a_n) = \{2; 4; 6; 8; 10; \ldots\ldots\}$ $\mathbf{a_n = 2 \cdot n}$

c) $(a_n) = \{7; 14; 21; 28; 35; \ldots\}$ $\mathbf{a_n = 7 \cdot n}$

d) $(a_n) = \{2; 4; 8; 16; \ldots\ldots\}$ $\mathbf{a_n = 2^n}$

e) $(a_n) = \{1; \ ^1/_2; \ ^1/_3; \ ^1/_4; \ldots\ldots\}$ $\mathbf{a_n = {}^1/_n}$

Jetzt meldete sich *Peter* zu Wort: „Bis hierher war es ja einfach, aber wie bekommen wir die wechselnden Vorzeichen in den Griff?"

„Solche Folgen heißen *alternierend*, das heißt abwechselnd", erklärte Opa. „Wenn wir daran denken, dass $(-1)^2 = +1$ ist, aber $(-1)^3 = -1$, können wir das verallgemeinern. Es ist nämlich $(-1)^n = +1$, wenn n eine gerade Zahl ist, und wenn n ungerade ist, gilt $(-1)^n = -1$. Das nutzen wir aus." Und sie schrieben:

f) $(a_n) = \{1;\ -2;\ 3;\ -4;\ 5;\ -6;\ ..\ \}$ $a_n = (-1)^n \cdot n$

„Beispiel h) ist einfach", sagte *Susi*, „das sind immer die Kehrwerte vom Beispiel d)" und sie schrieb:

g) $(a_n) = \{1;\ {}^1/_2;\ {}^1/_4\ {}^1/_8;\ {}^1/_{16};\ ...\ \}$ $a_n = {}^1/_2{}^n$

Beispiel i) ist gar keine richtige Zahlenfolge, da steht immer nur 7", meinte *Peter*.

„Nach der Erklärung, was eine Zahlenfolge ist, müssen wir aber auch solche Folgen zulassen", antwortete Opa. „Man nennt sie konstante Folgen." Und sie schrieben:

h) $(a_n) = \{7;\ 7;\ 7;\ 7;\ ...\}$ $a_n = 7$

„Beim Beispiel i) wird es wieder schwierig", meinte *Peter*. „Man muss immer das vorhergehende Glied betrachten und dann immer 1 mehr addieren".

„Solche Bildungsvorschriften, bei denen ein Bezug zu einem oder mehreren vorangehenden Gliedern existiert, heißen *rekursiv* (zu deutsch: zur*ückgehend*). Dabei muss man das erste Glied wie im Fall i) oder die ersten beiden Glieder wie im Fall j) angeben", bemerkte Opa. Gemeinsam schrieben sie dann:

i) $(a_n) = \{1;\ 2;\ 4;\ 7;\ 11;\ 16;\ ...\ \}$ $a_1 = 1$ und
$a_n = a_{n-1} + n$

Opa wies darauf hin, dass hier n erst ab 2 laufen darf, weil a_1 nicht aus dem Bildungsgesetz folgt.

Für die nächste Folge schrieben sei dann:

j) $(a_n) = \{1; 1; 2; 3; 5; 8; 13; \ldots\}$ $a_1 = a_2 = 1$ und
$$a_n = a_{n-1} + a_{n-2}$$

„Dann darf hier aber n erst ab 3 laufen, weil a_1 und a_2 nicht aus dem Bildungsgesetz folgen", bemerkte *Peter.*

Nun redete *Susi*: „Wenn k) die Folge der Primzahlen ist, kann es keine Formel geben, das haben wir ja schon gelernt"

„So ist es, diese Folge kann man nur durch Worte beschreiben", bestätigte Opa.

k) $(a_n) = \{2; 3; 5; 7; 11; 13; ..\}$ Folge der Primzahlen.

„Das war ja alles ganz interessant", meinte *Peter,* „aber wozu soll denn das alles gut sein?"

Opa antwortete darauf, dass die wirklich guten Mathematiker niemals zuerst nach dem Nutzen gefragt haben, sondern neue Erkenntnisse gewinnen wollten. Die waren allerdings dann in den meisten Fällen sehr nützlich. Außerdem sind für die gesamte Mathematik Zahlenfolgen sehr bedeutsam. Einen ganz zentralen mathematischen Begriff, nämlich den der *Funktion*, baut man heute auf Zahlenfolgen auf.

„Das werdet ihr in der Oberstufe noch lernen", redete Opa weiter. „Aber wir wollten ja eigentlich etwas ganz anderes lösen. Was war das doch gleich?"

„Formeln für Summen wollten wir aufstellen", erinnerte *Susi.*

Opa erklärte, dass man dazu den Begriff *Partialsumme* verwendet, womit die Summe aller Glieder einer Zahlenfolge vom ersten bis zu einem bestimmten gemeint ist. Zum Beispiel ist von einer Zahlenfolge (a_n) die Partialsumme s_5 die Summer der ersten fünf Glieder. Allgemein gilt $s_n = a_1 + a_2 + \ldots + a_n$. Außerdem wird festgelegt, dass $s_1 = a_1$ sein soll.

Opa setzte seine Rede fort: „ Ihr solltet nun einmal versuchen, diese Begriffe auf die Rechnung des kleinen GAUß anzuwenden und sein Vorgehen mit einer Formel zu beschreiben."

Peter schrieb: $s_{100} = (1 + 100) \cdot 50$

„Gut, aber nun versuchen wir es bitte einmal allgemeiner", verlangte Opa.

Susi schrieb: $s_n = (a_1 + a_n) \cdot n \cdot \dfrac{1}{2}$

„Richtig", stellte Opa fest. „Nun probiert einmal, ob das für die Summe der geraden Zahlen bis 90, die *Peter* ja mit 2070 berechnet hatte, auch stimmt".

Peter überlegte: „Das Bildungsgesetz heißt $a_n = 2 \cdot n$, also muss ich von $a_1 = 2$ bis $a_{45} = 90$ summieren." Er schrieb: $s_{45} = (2 + 90) \cdot 45 \cdot \dfrac{1}{2} = 92 \cdot 45 \cdot \dfrac{1}{2} = 46 \cdot 45 = 2070$.

„Es funktioniert", stellte er befriedigt fest.

„Nun nehmt bitte einmal die Folge vom Beispiel d) und berechnet die Summe der ersten vier Glieder", forderte Opa.

Susi überlegte und schrieb: $(a_n) = \{2; 4; 8; 16 \ldots\}$
   $a_1 = 1;$ $a_4 = 16$ $n = 4$ $s_4 = (1 + 16) \cdot 4 \cdot {}^1/_2 = 34$.

Sofort kam ihr Protest: „Die Partialsumme ist aber $2 + 4 + 8 + 16 = 30$. Die Formel passt nicht!"

„So ist es", bestätigte Opa und erklärte, dass diese Formel nur für Zahlenfolgen gilt, bei denen die Differenz zweier benachbarter Glieder immer gleich ist. Das kann man so beschreiben: $a_n - a_{n-1} = d$ (für alle n). Solche Zahlenfolgen heißen *arithmetische Folgen*.

„Und warum heißen sie arithmetische Zahlenfolgen?", wollte **Peter** wissen.

„Weil jedes Glied (außer dem ersten) der Mittelwert, das arithmetische Mittel, seiner beiden Nachbarglieder ist", antwortet Opa. Das lässt sich auch leicht beweisen". Er erklärte:
Voraussetzung ist eine Zahlenfolge, bei der die Differenz zweier Nachbarglieder immer gleich d ist.
Ein beliebiges Glied sei nun a_k.
Dann gilt für die Nachbarglieder $a_{k-1} = a_k - d$ und $a_{k+1} = a_k + d$.

Der Mittelwert ist nun

$$m = \frac{1}{2} \cdot (a_{k-1} + a_{k+1})$$

$$= \frac{1}{2} \cdot (a_k - d + a_k + d)$$

$$= \frac{1}{2} \cdot (2 \cdot a_k) = a_k.$$

Opa sagte zu den beiden: „Ich denke, ihr habt das verstanden, auch wenn mit Variablen wie a_k usw. gearbeitet werden musste, damit die Überlegungen für alle Zahlen gelten.

Nun will ich euch einmal drei Aufgaben stellen. Wenn ihr sie gemeinsam gelöst habt, können wir die Ergebnisse diskutieren."

Aufgabe 1:

Gegeben sei die Folge der ungeraden Zahlen
$(a_n) = \{1;\ 3;\ 5;\ ....\}$.
Bildet der Reihe nach die Partialsummen $s_1;\ s_2;\ s_3;$
usw. und stellt eine Vermutung auf.
Versucht, diese Vermutung zu beweisen.

Aufgabe 2:

Auf einem Lagerplatz
sind Rohre gestapelt in
der Weise, wie es die ne-
benstehende Abbildung
zeigt.

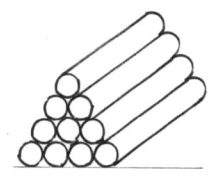

a) Wie viele Rohre können gestapelt werden, wenn
   in der ersten Reihe 12 Rohre liegen?
b) Wie viele Rohre müssen in der untersten Reihe
   liegen, wenn 140 Rohre gestapelt werden sollen?

Aufgabe 3:

In einem Sektor eines
Zirkuszeltes befinden
sich in der ersten Sitz-
reihe 40 Plätze. In jeder
der darüber liegenden
Reihe sind jeweils 6
Plätze mehr. Insgesamt
gibt es 10 Sitzreihen.
Wie viele Plätze sind in
diesem Sektor?

Die Kinder nahmen sich Papier und Bleistift und begannen.

„Aufgabe 1 ist einfach", sagte *Susi*.

„Die Folge heißt $(a_n) = \{1; \; 3; \; 5; \; ....\}$, also ist $s_1 = 1$ und $s_2 = 4$ und $s_3 = 9$ und $s_4 = 16$ und so weiter. Es sind immer die Quadratzahlen."

„Und wie beweisen wir das?" fragte *Peter*.

„Da brauchen wir das Bildungsgesetz und die Summenformel", meinte *Susi* und sie schrieb:

$$a_n = 2 \cdot n - 1 \text{ und } a_1 = 1$$

$$s_n = \frac{1}{2} \cdot (a_1 + a_n) \cdot n$$

„und nun setzen wir ein", sagte sie und schrieb weiter:

$$s_n = \frac{1}{2} \cdot (1 + 2 \cdot n - 1) \cdot n = \frac{1}{2} \cdot (2 \cdot n) \cdot n = n^2.$$

„Ok," sagte *Peter*, „nun zu Aufgabe 2.

Fangen wir oben an, da liegt ein Rohr. In jeder nächsten Reihe liegt eines mehr und zum Schluss sind es 12. Also müssen wir die Zahlen von 1 bis 12 addieren. Das ist kinderleicht, nämlich $(1 + 12) \cdot 6 = 78$."

„Ja, aber mit dem zweiten Teil der Aufgabe wird es schwieriger, weil wir nicht wissen, wie viele Rohre in der untersten Reihe liegen. Wir wissen nur, dass 140 Rohre gestapelt werden sollen", gab *Susi* zu bedenken.

„Wir nehmen einfach die Formel $s_n = \frac{1}{2} \cdot (a_1 + a_n) \cdot n$ und probieren", schlug *Peter* vor.

„Gut", sagt *Susi*. „a_1 ist ja immer 1 und a_n muss größer als 12 sein, denn da waren es nur 78 Rohre. Ich versuche es einmal mit 15."

Dann schrieb sie:

$a_n = 15$ $s_n = \dfrac{1}{2} \cdot (1 + 15) \cdot 15 = 120$ ihr Kommentar: „zu wenig"

$a_n = 16$ $s_n = \dfrac{1}{2} \cdot (1 + 16) \cdot 16 = 136$ ihr Kommentar: „zu wenig"

$a_n = 17$ $s_n = \dfrac{1}{2} \cdot (1 + 17) \cdot 17 = 153$ ihr Kommentar: „zu viel"

Am Ende stellte *Susi* fest: „Wenn in der ersten Reihe 16 Rohre liegen, passen nur 136 auf den Stapel. Also müssen in der ersten Reihe 17 liegen und der Stapel wird nicht voll."

„Die <u>Aufgabe 3</u> scheint mir nun wieder einfach", meinte *Peter*.

„Wir wissen, dass $a_1 = 40$ ist und die Differenz zu jedem nächsten Glied der Folge ist $d = 6$. Außerdem ist $n = 10$. Wir müssen nur noch a_{10} ausrechnen und dann die Formel anwenden."

Schon hatte *Susi* geschrieben:

$a_2 = a_1 + d;$

$a_3 = a_2 + d = a_1 + d + d = a_1 + 2 \cdot d$

Sie stellte fest:

„Es kommt immer ein d dazu, also ist $a_n = a_1 + (n - 1) \cdot d$. In unserem Fall also $a_{10} = 40 + 9 \cdot 6 = 94$.

Somit ist $s_{10} = \dfrac{1}{2} \cdot (40 + 94) \cdot 10 = 5 \cdot 134 = 670$.

Es gibt in dem Sektor also 670 Plätze".

Jetzt riefen sie Opa und stellten ihm ihre Ergebnisse vor.

„Ich bin richtig stolz auf euch", sagte dieser. „Alles richtig überlegt und gerechnet. Besonders schön finde ich, wie ihr den zweiten Teil der Aufgabe 2 durch Probieren gelöst habt. Es ist zwar auch möglich, solche Aufgaben durch Formeln zu lösen, aber die dafür nötigen kennt ihr noch nicht. Damit aber Schluss für heute. Wenn ihr wollt, kann ich euch morgen die Geschichte von der Erfindung des Schachspiels erzählen, die hängt mit Zahlenfolgen zusammen".

Vom Erfinder des Schachspiels

Am nächsten Tag wollten die Kinder vom Opa wissen, was es mit der Erfindung des Schachspiels auf sich hat.

„Ihr kennt ja das Schachspiel", sagte Opa. „Seht einmal, hier habe ich die Figuren aufgestellt. Das Spiel ist uralt, das Wort Schach kommt aus dem Persischen und bedeutet König"

Opa erzählte weiter, dass sich um seine Erfindung folgende Anekdote rankt:

ZETA, der Erfinder des Schachspieles soll sich vom Kaiser SHERAM als Belohnung Reis ausgebeten haben und zwar 1 Korn auf das erste Feld, 2 Körner auf das zweite Feld, und auf jedem weiteren Feld immer die doppelte Anzahl von Körnern des vorherigen. Der Kaiser, der zunächst ungehalten war über die Geringfügigkeit der Belohnung ließ seine Mathematiker rechnen und staunte sehr über das Ergebnis.

„Wir wollen einmal Mathematiker des Kaisers spielen", schlug Opa vor.

„Ein Schachbrett hat 64 Felder", begann **Susi**. „Die Anzahl der Körner ist dann 1; 2; 4; 8; 16 und so weiter. Das Ganze ist die Zahlenfolge vom Beispiel d)", und schon schrieb sie: $(a_n) = \{2; 4; 8; 16 \ldots\}$ $a_n = 2^n$

„Das stimmt nur zum Teil", meinte **Peter**. „Bei deiner Folge ist das erste Glied 2, auf dem ersten Feld des

Schachbrettes liegt aber nur 1 Reiskorn. Aber ab da stimmt es überein."

„Gut aufgepasst", lautete Opas Anerkennung. „Aber vielleicht könnt ihr berechnen, wie viele Körner auf dem letzten Feld liegen".

Susi erklärte: „Ab dem 2. Feld gilt die Formel $a_n = 2^n$. Da ein Schachbrett 64 Felder hat, müssten auf dem letzten Feld 2^{63} Körner liegen, aber wie groß diese Zahl ist, weiß ich nicht."

„Und auf dem Schachbrett liegen ja noch viel mehr Körner", gab *Peter* zu bedenken. „Man müsste die Partialsumme der Folge berechnen können. Unsere bisher verwendete Formel taugt dafür aber nicht."

„So ist es", meinte Opa und erklärte, dass es eine Formel gibt, nach der man die Partialsummen solcher Folgen, sie heißen übrigens *geometrische Zahlenfolgen*, berechnen kann. Wenn man sie anwendet, erhält man eine Menge von etwas mehr als 18,4 Trillionen Körnern. Wenn man diese Zahl ausschreiben wollte, müsste man an 184 noch 17 Nullen anhängen.

„Das ist aber verdammt viel Reis, da kann ich mir denken, dass der Kaiser erstaunt war", meinte *Peter*.

„Wir wollen die Menge einmal abschätzen", schlug Opa vor und empfahl, der Einfachheit halber einmal anzunehmen, dass 10 Körner 1 g wiegen. Dann muss man durch 10 dividieren, um auf Gramm zu kommen. Eine anschließende Division durch 1000 ergibt die Masse in Kilogramm und wenn nochmals durch 1000 dividiert wird, erhält man die Angabe in Tonnen.

Es sind dann 1.840 Milliarden Tonnen Reis. Dafür schreibt man auch $1{,}84 \cdot 10^{12}$ t Reis.

Im Jahr 2001 wurden auf der ganzen Welt 592,9 Millionen Tonnen ($592{,}9 \cdot 10^{6}$ t) Reis geerntet. Damit würde die Belohnung mehr als dreitausend solcher Ernten wie im Jahre 2001 ausmachen. So viel Reis ist insgesamt auf der Welt noch nicht geerntet worden.

„Ihr seht also, solche geometrischen Folgen können sehr schnell wachsen", stellte Opa zum Schluss fest.

„Heißen diese Folgen so, weil ein geometrisches Mittel eine Rolle spielt?", wollte **Peter** wissen.

„Ja, das ist so, sollte uns hier aber nicht weiter interessieren", antwortete Opa und merkte sich vor, hierzu im Schlusskapitel etwas zu sagen.

„Opa, du bist uns aber noch die Formel schuldig, nach der man bei solchen Folgen die Partialsummen berechnen kann", sagte **Susi**.

„Richtig", antwortete dieser. „Ich werde euch einige Formeln für solche Folgen zeigen". Er nahm einen Stift, schrieb und erklärte, dass eine geometrische Folge vorliegt, wenn der Quotient zweier Nachbarglieder immer die gleiche Zahl ist.

Also wenn für alle n gilt: $a_n : a_{n-1} = q$.

Für das n-te Glied a_n gilt dann: $\qquad a_n = a_1 \cdot q^{n-1}$

und die Partialsumme ist $s_n = a_1 \cdot \dfrac{q^n - 1}{q - 1}$

„Mit diesem Wissen wollen wir einmal einige Aufgaben lösen", kündigte Opa das weitere Vorgehen an.

Aufgabe 1:
Ein Bogen Papier habe eine Dicke von 0,1 mm. Er wird 15 mal jeweils in der Mitte gefaltet. Wie dick wird das Ganze, wenn man die Zwischenräume vernachlässigt?

Susi löste die Aufgabe folgendermaßen:
„Da sich die Dicke jeweils verdoppelt, liegt eine geometrische Folge vor. Dabei ist $a_1 = 0,1$ und $q = 2$. Gesucht ist a_{15}." Sie schrieb:
$a_n = a_1 \cdot q^{n-1}$ also $a_{15} = 0,1 \cdot 2^{14}$. Dann nahm sie den Taschenrechner und erhielt: $a_{15} = 1638,4$.

Ihr Kommentar lautete: „Man würde eine Dicke von 1638,4 mm erhalten, das sind mehr als 1,50 Meter, ich glaube nicht, dass man das Papier soweit falten kann."

„Da hast du recht", meinte Opa, „aber man sieht wieder, wie schnell geometrische Folgen wachsen können. Etwas praxisnäher ist vielleicht die nächste Aufgabe."

Aufgabe 2:
Für den Bau eines Brunnens wird eine Bohrung durchgeführt. Dabei kostet der erste Meter 15 € und jeder weitere Meter 5% mehr als der vorhergehende. Der Brunnen soll 40 m tief werden. Was kostet der letzte Meter und wie teuer wird die Bohrung insgesamt?

Jetzt versuchte *Peter* die Aufgabe zu lösen:
„Ein Problem habe ich mit den 5 Prozent", meinte er.

„Na, da wollen wir einmal überlegen", half Opa und erklärte, wie man eine Steigerung um 5% berechnen kann. Die Kosten in einem Jahr seien K. Im nächsten Jahr kommen 5%, also $K \cdot \frac{5}{100}$ hinzu. Die Kosten im nächsten Jahr betragen also $K + K \cdot 0,05$. Jetzt klammert man K aus und erhält $K \cdot (1 + ,05) = K \cdot 1,05$.

„Jetzt kann ich die Aufgabe lösen", erklärte **Peter**.
Es ist eine geometrische Zahlenfolge mit $a_1 = 15$ und
$q = 1,05$. Ich brauche nur die Formeln anzuwenden."

Er schrieb: $a_{40} = 15 \cdot 1,05^{39}$ und $s_{40} = 15 \cdot \dfrac{1,05^{40} - 1}{1,05 - 1}$

Dann griff er zum Taschenrechner und erhielt folgende
Werte: $a_{40} = 100,57125$ $s_{40} = 1811,997$
„Da es um Geldbeträge geht", meinte er, „müssen wir
auf zwei Stellen runden. Der letzte Meter kostet also
100,57 Euro und insgesamt kostet die Bohrung
1.812 Euro."

„Ausgezeichnet überlegt und gerechnet", stellte Opa
fest. „Mit Hilfe geometrischer Folgen lässt sich übrigens
auch berechnen, wie ein Sparguthaben anwächst,
wenn jedes Jahr die Zinsen dazukommen und auch verzinst
werden. Man spricht dann von *Zinseszinsen*. Sehen
wir uns dazu einmal die folgende Aufgabe an:"

Aufgabe 3:
Auf einem Festgeldkonto sind 800 € und es gibt 4%
Zinsen im Jahr. Welchen Betrag hat man nach 10 Jahren?

Die Kinder überlegten: „Es ergibt sich eine geometrische
Zahlenfolge mit $a_1 = 800$ und $q = 1,04$.
Gesucht ist a_{10}.

„Halt", sagte Opa. „Bitte genauer überlegen!"

„Ach so", meinte **Susi**, „nach einem Jahr ist der Betrag
ja schon a_2. Wir suchen also a_{11}."
Sie schrieb: $a_{11} = 800 \cdot 1,04^{10}$, und der Taschenrechner
lieferte $a_{11} = 1231,56$. **Susi** antwortete: „Nach 10
Jahren hat man 1231,56 Euro."

„Gerechnet habt ihr richtig", stellte Opa fest und erklärte, dass in der Praxis der Betrag etwas niedriger sein wird, weil die Banken Zinsen stets abrunden und nur volle Euro-Beträge verzinsen, also keine Cent-Beträge. Dennoch ist es beachtlich, dass die Summe um über 400 Euro anwächst. Im ersten Jahr ist der Zinsertrag 32 Euro und daraus würden sich ohne Zinseszinsen in 10 Jahren nur 320 Euro ergeben.

Auf die interessante Frage, wie viele Jahre man bei einem bestimmten Prozentsatz sparen muss, um das Anfangsguthaben zu verdoppeln, wird im Schlusskapitel eingegangen.

„Eine Aufgabe wollen wir noch lösen", meinte Opa.

Aufgabe 4:
Jemand spart im Januar eines Jahres 100 €, im März 50 €, im Mai 25 € und so weiter, in jedem zweiten Monat die Hälfte der vorher gesparten Summe. Welchen Betrag muss er im Dezember einzahlen und wie hoch ist die im gesamten Jahr gesparte Summe (ohne Zinsen anzurechnen)?

Peter machte sich an die Lösung und stellte fest: „Es wird 6 mal eingezahlt, der Anfangsbetrag ist 100 Euro, also a_1 ist 100. Wir suchen a_6 und die Partialsumme s_6. Außerdem ist es eine geometrische Zahlenfolge mit $q = {}^1\!/_2 = 0{,}5$".

Er schrieb: $a_6 = 100 \cdot 0{,}5^5$ und $s_6 = 100 \cdot \dfrac{0{,}5^6 - 1}{0{,}5 - 1}$

Er nahm seinen Taschenrechner, erhielt $a_6 = 3{,}125$ und dann zögerte er.

„Was ist los?" fragte Opa. „Bei s_6 wird der Nenner negativ und $0,5^6 - 1$ ist auch negativ", meinte *Peter*.

„Das ist doch nicht schlimm", sagte Opa. „Minus durch minus ist doch plus. Aber wenn es dich stört, erweiterst du den Bruch mit -1 und erhältst die folgende Formel:"

$$s_6 = 100 \cdot \frac{1 - 0,5^6}{1 - 0,5}.$$

Nun rechnete *Peter* mit seinem Taschenrechner und erzielte das Ergebnis $s_6 = 196,875$.

„Jetzt hätte ich gerne noch eine Antwort", forderte Opa.

Peter antwortete: „Im Dezember muss man 3,13 Euro einzahlen und hat dann insgesamt 196,87 Euro."

Jetzt ergriff *Susi* das Wort: „Wenn man nun immer weiter einzahlt, wie geht das denn weiter?"

„Hier steckt ein interessantes Problem für meine kleinen *Zauberlehrlinge*", sagte Opa. „Das hat schon die alten Griechen bewegt. Da gibt es eine schöne Geschichte vom Wettlauf zwischen Achilles und einer Schildkröte. Darüber und über einige weitere Zahlenfolgen, die auch ganz interessant sind, wollen wir beim nächsten Mal reden."

Der Wettlauf zwischen Achilles und einer Schildkröte

Wieder einmal gingen *Susi* und *Peter* zu Opa in sein Arbeitszimmer und stellten ihm folgende Fragen:

„Wie war denn das mit dem Wettlauf mit einer Schildkröte? Wer hat gewonnen? Gab es einen Siegerpreis?"

„Ihr stellt sehr viele Fragen auf einmal", sagte Opa und erzählte die folgende Geschichte:
Es war einmal ein griechischer Philosoph namens ZENON VON ELEA. Er lebte von 490 bis in die 2. Hälfte des 5. Jh. v. Chr. Von ihm ist folgendes Paradoxon, das ist eine scheinbar widersinnige Aussage, überliefert:
Der berühmte antike Sagenheld Achilles kann eine Schildkröte niemals einholen, wenn diese einen Vorsprung von 1 Stadion (1 Stadion = 184,97 m) hat, obwohl er zwölfmal so schnell läuft.

Wenn Achilles 1 Stadion zurückgelegt hat, ist die Schildkröte um 1/12 Stadion weitergekrochen

Hat er dieses Zwölftel durcheilt, so hat sie noch einen Vorsprung von $\frac{1}{144}$ Stadion. Durchläuft Achilles diese Strecke, ist ihm die Schildkröte noch $\frac{1}{1728}$ Stadion voraus, usw. Also kann er sie nie einholen!"

„Das stimmt mit der Wirklichkeit aber überhaupt nicht überein", stellte **Peter** fest.

„Das hat ZENON sicher auch gewusst", meinte Opa. „Aber er wollte wohl die Unzulänglichkeit unseres Denkens zeigen."

„Wie kommen wir denn aus dieser Geschichte heraus?", fragte er die beiden.

Susi argumentierte: „Wenn du uns das erzählst, nachdem wir letztens über Zahlenfolgen gesprochen haben, hat das sicher etwas damit zu tun. Ich kann mir auch schon denken was das ist.
Der Vorsprung der Schildkröte ist eine Zahlenfolge, nämlich $(a_n) = \{1; {}^1/_{12}; {}^1/_{144}; {}^1/_{1728}; {}^1/_{120736} \ldots\}$."
Dann legte sie ihren Taschenrechner beiseite.

„Stop", rief **Peter**. „Das ist eine geometrische Zahlenfolge mit $a_1 = 1$ und $q = {}^1/_{12}$."

"Sehr gut überlegt habt ihr das", zollte Opa den beiden Anerkennung. „Aber nun wollen wir einmal für einen Moment diese Aufgabe vergessen und uns an die Aufgabe mit den immer geringer werdenden Spareinlagen erinnern. Wisst Ihr noch, welche ich meine?"

Peter antwortete: „Ja, jemand spart im Januar 100 Euro und jeden zweiten Monat dann die Hälfte. Im Dezember hat er 196,87 Euro."

„Ja, und ich hatte gefragt, was passiert, wenn man immer weiter einzahlt", sagte *Susi*.

„Genau das ist das Problem", stellte Opa fest, wir haben es mit einer geometrischen Zahlenfolge zu tun, bei der $a_1 = 100$ und $q = 0,5$ ist.

Für die Partialsumme gilt $s_n = 100 \cdot \dfrac{1 - 0,5^n}{1 - 0,5}$

Wir wollen einmal einige Werte ausrechnen".

Sie nahmen einen Taschenrechner und schrieben:

$s_6 = 196,875$
$s_{10} = 199,80469$
$s_{20} = 199,99981$

„Die Werte nähern sich immer mehr der Zahl 200 an", stellte Opa fest und erklärte, dass man bei genauem Rechnen, wofür Taschenrechner bald nicht mehr ausreichen, zwar immer näher an diese Zahl 200 kommen wird, je mehr Glieder man summiert. Aber die Zahl 200 wird nie erreicht werden.

In einem solchen Fall sagt man: Die Folge der Partialsummen $(s_n) = \{s_1; s_1; s_3; \ldots; s_n\}$ hat den Grenzwert 200.

„Der Begriff *Grenzwert* ist einer der wichtigsten in der ganzen Mathematik, aber ihn lernt ihr erst in der Abiturstufe kennen", setzte Opa seine Rede fort. „Hier will ich nur das sagen, was zum Lösen unsers Problems nötig ist."

Wenn bei einer geometrischen Zahlenfolge $\{a_n\}$ mit $a_n = a_1 \cdot q^{n-1}$ der Wert für q kleiner als 1 ist (also $q < 1$), dann hat die zugehörige Partialsummenfolge $\{s_n\}$ den Grenzwert $s = \dfrac{a_1}{1-q}$.

„Mit diesem Wissen wollen wir uns dem Paradoxon von Zenon wieder zuwenden."

„Logisch", meinte *Susi*, „die Strecken, die die Schildkröte läuft, sind immer die Partialsummen der Folge $(a_n) = \{1; \,^1/_{12}; \,^1/_{144}; \,^1/_{1728}; \,^1/_{120736} \ldots\}$".

$$s_1 = 1;$$
$$s_2 = 1 + \,^1/_{12};$$
$$s_3 = 1 + \,^1/_{12} + \,^1/_{144} + \ldots \quad \text{usw.}$$

„Die Folge $\{s_n\}$ hat den Grenzwert $s = \dfrac{1}{1 - \frac{1}{12}}$ und das ist eins durch elf zwölftel, also zwölf elftel. Somit ist $s = \,^{12}/_{11}$. Über diesen Wert kommt die Schildkröte nie hinaus, aber Achilles ist ganz schnell dort", stellte sie fest.

„Ja", sagte Opa. „Nehmen wir einmal an, dass Achilles für die Strecke von einem Stadion, also für 184,97 m, eine Zeit von 20 Sekunden benötigte. Dann hatte er die Strecke von $\,^{12}/_{11}$ Stadion, also von 201,79 m, in 21,82 Sekunden zurückgelegt. Mit Hilfe des Grenzwertbegriffes haben wir also den Fehler in ZENON's Argumentation entdeckt."

„Haben denn auch andere Folgen Grenzwerte?", wollte *Susi* wissen.

„Durchaus", antwortete Opa, „und solche Untersuchungen sind in der Mathematik ziemlich wichtig.

Betrachten wir einmal die uns schon bekannte Folge der Kehrwerte, also

$(a_n) = \{1; \ ^1/_2; \ ^1/_3; \ ^1/_4; \ldots\}$ mit $a_n = \ ^1/_n$.

Ob die wohl einen Grenzwert hat?"

Peter meinte: „Die Glieder werden immer kleiner, a_{1000} ist nur noch 0,001. Ich denke, die Folge hat den Grenzwert Null."

„So ist es", bestätigte Opa. „Das kann man beweisen und Folgen mit dem Grenzwert Null heißen *Nullfolgen*. Sie haben einen extra Namen, weil sie wichtig sind. Aber was ist mit der entsprechenden Partialsummenfolge? Ich will einmal einige Werte aufschreiben:"

$s_1 = 1;$

$s_2 = \ ^3/_2 \qquad = 1,5;$

$s_3 = \ ^{11}/_6 \qquad = 1,833;$

$s_4 = \ ^{25}/_{12} \qquad = 2,083;$

$s_5 = \ ^{137}/_{60} \qquad = 2,283;$

$s_6 = \ ^{49}/_{20} \qquad = 2,45;$

$s_7 = \ ^{363}/_{140} \qquad = 2,593.$

„Wird diese Folge einen Grenzwert haben?" fragte Opa.

Susi argumentierte: „Das ist doch so ähnlich wie bei der Aufgabe mit dem Sparbuch. Es kommt immer weniger dazu, also müsste es einen Grenzwert geben."

„So könnte man denken, aber das ist falsch", stellte Opa fest und er erklärte, dass die Zahlenfolge (s_n) mit dem Bildungsgesetz $s_n = 1 + \frac{1}{2} + \frac{1}{3} + \frac{1}{4} + \ldots\ldots + \frac{1}{n}$ keinen Grenzwert besitzt. In der Mathematik nennt man die Summe $1 + \frac{1}{2} + \frac{1}{3} + \frac{1}{4} + \ldots + \frac{1}{n}$ *harmonische Reihe*, und diese wächst über alle Grenzen, wenn nur n hinreichend groß wird.

„So richtig vorstellen kann man sich das vielleicht nicht, aber es lässt sich beweisen", sagte Opa.

„Können wir diesen Beweis verstehen?", wollte **Peter** wissen.

„Ich denke schon, er ist relativ einfach", erwiderte Opa und erklärte, dass man dazu die harmonische Reihe mit einer Summe vergleicht, bei der jedes Glied kleiner oder gleich ist.

$$s_n = 1 + \tfrac{1}{2} + \tfrac{1}{3} + \tfrac{1}{4} + \tfrac{1}{5} + \tfrac{1}{6} + \tfrac{1}{7} + \tfrac{1}{8} + \ldots + \tfrac{1}{n}$$

Man fasst Glieder zusammen und erhält:

$$s_n = 1 + \tfrac{1}{2} + (\tfrac{1}{3} + \tfrac{1}{4}) + (\tfrac{1}{5} + \tfrac{1}{6} + \tfrac{1}{7} + \tfrac{1}{8}) + \ldots + \tfrac{1}{n}$$

Jetzt werden einige Glieder durch kleinere ersetzt und man erhält die Summe

$$d_n = 1 + \tfrac{1}{2} + (\tfrac{1}{4} + \tfrac{1}{4}) + (\tfrac{1}{8} + \tfrac{1}{8} + \tfrac{1}{8} + \tfrac{1}{8}) + \ldots + \tfrac{1}{n},$$

das ist aber

$$d_n = 1 + \tfrac{1}{2} + \quad (\tfrac{1}{2}) \quad + \quad (\tfrac{1}{2}) \quad + \ldots + \tfrac{1}{n}$$

$$d_n = 1 + \tfrac{1}{2} + \tfrac{1}{2} + \tfrac{1}{2} + \tfrac{1}{2} + \tfrac{1}{2} + \tfrac{1}{2} + \ldots$$

Die Summe d_n kann offensichtlich jeden Wert übersteigen, wenn n entsprechend groß ist. Da die harmonische Reihe noch größer ist, kann sie also auch keinen Grenzwert haben.

Susi gibt ihrer Verwunderung Ausdruck: „Auf was man alles kommen kann, wenn man sich mit so einfachen Dingen wie Zahlen beschäftigt."

„Ihr seid eben *Zauberlehrlinge* und müsst mit den *Geistern* kämpfen, die ihr gerufen habt. Der Menschheit als Ganzes ging es ja genauso.

Aber bevor wir das Thema *Zahlenfolgen* verlassen, möchte ich mit euch noch zwei interessante Folgen etwas näher betrachten."

Zwei interessante Zahlenfolgen

Opa erinnerte an die Folge $(a_n) = \{1; 3; 6; 10; 15; .....\}$ mit $a_1 = 1$ und $a_n = a_{n-1} + n$ $(n = 2; 3; 4 ...)$

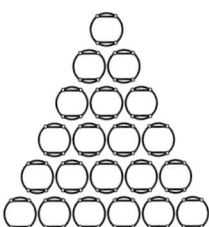

Er erklärte, dass die Zahlen dieser Folge auch *Dreieckszahlen* genannt werden, weil sie sich ergeben, wenn man wie in der nebenstehenden Skizze jeweils die Anzahl der Kreise (Kugeln; Bälle; Kokosnüsse o.ä.) ermittelt, indem man oben beginnt, dann die 2. Reihe addiert und so weiter.

„Betrachtet bei dieser Folge einmal die Differenzen und zum anderen die Summen zweier Nachbarglieder", forderte Opa die Kinder auf.

Susi stellte fest: „Das mit den Differenzen ist ja einfach, es sind der Reihe nach die natürlichen Zahlen 2; 3; 4; usw. So hatten wir die Folge ja konstruiert. Und bei den Summen ergaben sich die Zahlen 4; 9; 16; 25; usw., das sind die Quadratzahlen."

„Richtig", bestätigte Opa und überlegte, dass diese Aussage eigentlich noch zu beweisen wäre. Er setzte fort:

„Schaut euch nochmals das Bild mit den Dreieckszahlen an. Wenn man in die Kreise Zahlen so schreibt, dass am Rand immer eine 1 und ansonsten die Summe

$$
\begin{array}{ccccccc}
 & & & 1 & & & \\
 & & 1 & & 1 & & \\
 & & 1 & 2 & 1 & & \\
 & 1 & 3 & & 3 & 1 & \\
 1 & & 4 & 6 & 4 & & 1 \\
1 & 5 & 10 & & 10 & 5 & 1
\end{array}
$$

der beiden darüber stehenden Zahlen eingetragen wird, erhält man die abgebildete Anordnung".

Opa erzählte, dass diese Anordnung PASCAL'sches Dreieck heißt, nach dem französischen Mathematiker BLAISE PASCAL (1623 – 1662). Dabei ist PASCAL keineswegs der Erfinder. So beschrieb der chinesische Mathematiker CHU SHIH CHIEM bereits 1303 in seinem Buch *Kostbarer Spiegel der vier Elemente* eine solche Anordnung. In Europa tauchte das PASCAL'sche Dreieck erstmals 1529 auf. Es findet sich in verschiedenen Formen bei MICHAEL STIFEL, NICCOLO TRATAGLIA (1500 - 1527) und GERONIMO CARDANO. Es wurde von diesen Mathematikern u.a. zum Berechnen höherer Potenzen verwandt.

Die Zahlen dieses Dreiecks haben nämlich folgende Eigenschaften:

1. Wenn man die Spitze als Null-te Zeile ansieht, ist die Summe jeder Zeile die Zweierpotenz der jeweiligen Zeilennummer (2^n). Beispielsweise erhält man bei der 4. Zeile: $1 + 4 + 6 + 4 + 1 = 16$ und das ist 2^4.

2. In jeder Zeile stehen die Koeffizienten, die sich ergeben, wenn man die Potenz $(a + b)^n$ berechnet, die sogenannten Binominalkoeffizienten, die auch in der Kombinatorik und Wahrscheinlichkeitsrechnung eine Rolle spielen. Opa schrieb auf:

$$(a + b)^2 = 1a^2 + 2ab + 1b^2$$

$$(a + b)^3 = 1a^3 + 3a^2b + 3ab^2 + 1b^3$$

$$(a + b)^4 = 1a^4 + 4a^3b + 6a^2b^2 + 4ab^3 + 1b^4$$

$$(a + b)^5 = 1a^5 + 5a^4b + 10a^3b^2 + 10a^2b^3 + 5ab^4 + 1b^5$$

Er erklärte an einem Beispiel wie die Mathematiker der Renaissance damit höhere Potenzen berechnet haben.

$$\begin{aligned} 1{,}01^4 &= (1 + 0{,}01)^4 \\ &= 1 + 4{\cdot}0{,}01 + 6{\cdot}0{,}01^2 + 4{\cdot}0{,}01^3 + 0{,}01^4 \\ &= 1 + 0{,}04 + 0{,}0006 + 0{,}000004 + 0{,}00000001 \\ &= 1{,}04060401. \end{aligned}$$

„Das war aber eine ganz schöne Rechnerei, meldete sich *Peter* zu Wort. „Wolltest du uns nicht noch etwas über eine zweite interessante Folge berichten? Ich kann mir auch schon denken, welche du meinst, nämlich die Folge, von der wir die ersten beiden Glieder kannten und dann die Summe gebildet haben."

„Stimmt", bestätigte Opa und schrieb diese Folge nochmals auf.

$(a_n) = \{1; 1; 2; 3; 5; 8; 13; 21; 34; 55; 89; \ldots\}$
$a_1 = a_2 = 1$ und $a_n = a_{n-1} + a_{n-2}$ (für $n = 3; 4; 5; \ldots$).

Er erklärte, dass diese Folge von dem italienische Mathematiker LEONARDO VON PISA, FIBONACCI genannt, entdeckt wurde und nach ihm benannt ist. Man spricht deshalb von den FIBONACCI-Zahlen, wenn man Glieder dieser Folge meint.

Diese Folge hat eine interessante Eigenschaft: Wenn man zwei benachbarte Glieder quadriert, so ist die Summe der Quadrate wieder ein Glied der Folge. Dessen Nummer erhält man durch Addition der Nummern der beiden Ausgangsglieder.

Es gilt also: $a_n{}^2 + a_{n+1}{}^2 = a_{2n+1}$.

„Probiert das einmal aus!", forderte Opa die Kinder auf.

Diese nahmen Papier und Bleistift und rechneten:

$a_3 = 2$; $a_4 = 3$; $a_7 = 13$ und $2^2 + 3^2 = 4 + 9 = 13$
$a_5 = 5$; $a_6 = 8$; $a_{11} = 89$ und $5^2 + 8^2 = 25 + 64 = 89$

„Es stimmt", stellte **Susi** fest.

„Eine Anwendung der FIBONACCI-Folge will ich zum Schluss noch erwähnen", sagte Opa. „Es ist dies eine Geschichte von Hasen. Man nehme an, ein Hasenpaar braucht einen Monat bis zur Geschlechtsreife und bekommt dann jeweils nach einem Monat Tragezeit zwei Junge (wieder ein Paar).

Dann forderte er die beiden auf, eine Tabelle anzulegen und einzutragen, wie viele Hasenpaare am Ende des Monats existieren, vorausgesetzt kein Hase stirbt.

So sah die Tabelle am Ende aus:

Monat	Eltern	Kinder	Enkel	Urenkel	Ururenkel	Summe
1	1					**1**
2	1					**1**
3	1	1				**2**
4	1	2				**3**
5	1	3	1			**5**
6	1	4	3			**8**
7	1	5	6	1		**13**
8	1	6	10	4		**21**
9	1	7	15	10	1	**34**

„Diese Geschichte könnt ihr ausführlich in dem Buch *Zahlenteufel* von HANS MAGNUS ENZENSBERGER nachlesen", sagte Opa.

„Die Anzahl der Hasenpaare ist die FIBONACCI-Folge", stellte *Susi* fest.

„So ist es", meinte Opa. „Wenn ihr wollt, können wir beim nächsten Mal ausrechnen, an welchem Wochentag ihr geboren seid."

An welchem Tag bin ich geboren?
Rechnen mit Resten

Einige Zeit später saßen **Susi** und **Peter** wieder einmal beim Opa.

„Du wolltest uns doch ausrechnen, an welchem Wochentag wir geboren sind", sagte **Peter**. „Kannst Du das?"

„Ja, ich kann zu jedem Datum den zugehörigen Wochentag berechnen", antwortete Opa. „Wartet einmal, ich hole nur eine Tabelle, die ich mir angelegt habe."

Nach kurzer Zeit zeigte er den Kindern folgende Tabelle:

Jan	Feb	Mrz	Apr	Mai	Jun
5	1	1	4	6	2
Jul	Aug	Sep	Okt	Nov	Dez
4	0	3	5	1	3

„Für welches Datum soll ich denn den Wochentag ermitteln?", fragte Opa.

„Für den 23. März 1993, das ist mein Geburtstag", wünschte sich *Peter*.

„Dann passt einmal gut auf, wie ich schreibe und rechne", meinte Opa, nahm ein Blatt Papier und schrieb:

$$W \equiv 23 + 1 + 1993 + [1993/4] + 0$$
$$W \equiv 2 + 1 + 5 + 498 + 0$$
$$W \equiv 2 + 1 + 5 + 1 + 0$$
$$W \equiv 2$$

Dann sagte er: „Der 23. März 1993 war ein Dienstag."

„Jetzt will ich wissen, an welchem Tag ich geboren wurde und dann vor allem, wie du das ausrechnen kannst", verlangte *Susi*.

„Na, deinen Geburtstag kenne ich, es ist der 24.1.1993. Dann rechne ich so", sagte Opa und schrieb:

$$W \equiv 24 + 5 + 1993 + [1993/4] + 0$$
$$W \equiv 3 + 5 + 5 + 498 + 0$$
$$W \equiv 3 + 5 + 5 + 1 + 0$$
$$W \equiv 0$$

Und er stellte fest: „*Susi*, du bist ein Sonntagskind. Jetzt will ich euch erklären, wie diese Rechnung funktioniert. Dazu müssen wir uns mit weiteren Eigenschaften von Zahlen beschäftigen. Habt ihr Lust?"

„Selbstverständlich wollen wir wieder einmal *Zauberlehrlinge* sein", meinten die beiden.

„Als erstes müssen wir uns an die Division natürlicher Zahlen erinnern", begann Opa und hob hervor, dass die

Aufgabe a : b = c nur dann eine natürliche Zahl als Lösung hat, wenn a ein Vielfaches von b ist.

Man kann aber 13 Dinge (z.B. Glasmurmeln) auch so unter fünf Kinder verteilen, dass jedes zwei bekommt und drei als Rest bleiben. Wenn man 21 Murmeln hat, bekommt jedes 4 und eine Murmel bleibt als Rest.

Bei genaueren Überlegungen hat sich nun herausgestellt, dass man mit den Resten genauso rechnen kann, wie mit den Ausgangszahlen.

„Dieses Rechnen mit den Resten kann manchmal sehr nützlich sein", erläuterte Opa.

„Verrückt", meinte *Peter*. „Wenn ich durch 5 teile, gibt es als Reste ja nur die Zahlen 1; 2; 3 oder 4. Wir rechnen also mit 4 Zahlen?"

„Die Aufgabe kann auch aufgehen, dann ist der Rest 0", wandte *Susi* ein.

„*Susi* hat recht", bestätigte Opa. „Wenn wir die 5 als Basis nehmen und die Null auch als Rest zulassen, gibt es 5 verschiedene Reste." Er erklärte, dass man nunmehr alle Zahlen, die bei der Division durch 5 den gleichen Rest lassen, in eine Schublade stecken kann. Wenn zwei Zahlen a und b in der gleichen Schublade sind, schreibt man $a \equiv b \bmod 5$ und liest: *a ist kongruent b modulo 5*.

„Wir haben also 5 Schubladen, in denen alle natürlichen Zahlen stecken", stellte *Peter* fest.

„So ist es", bestätigte Opa. „Dabei steckt jede Zahl genau in einer dieser Schubladen, die die Mathematiker in diesem Fall *Restklassen modulo 5* nennen."

Er schlug vor, das Rechnen mit Resten einmal mit den Zahlen 14 und 7 auszuprobieren, also mit diesen Zahlen und ihren Resten modulo 5 einige Rechenoperationen auszuführen.

Gemeinsam überlegten sie und schrieben:

Es ist $14 \equiv 4 \mod 5$ und $7 \equiv 2 \mod 5$

Es gilt: $14 + 7 \equiv 4 + 2 \equiv 6 \equiv 1 \mod 5$
Probe: $14 + 7 = 21; \quad 21 \equiv 1 \mod 5$

Es gilt: $14 - 7 \equiv 4 - 2 \equiv 2 \mod 5$
Probe: $14 - 7 = 7; \ 7 \equiv 2 \mod 5$

Es gilt: $14 \cdot 7 \equiv 4 \cdot 2 \equiv 8 \equiv 3 \mod 5$
Probe: $14 \cdot 7 = 98; \quad 98 \equiv 3 \mod 5$

Es gilt: $14 : 7 \equiv 4 : 2 \equiv 2 \mod 5$
Probe: $14 : 7 = 2; \ 2 \equiv 2 \mod 5$

„Was wir hier an den Beispielen gezeigt haben, gilt allgemein", stellte Opa zum Schluss fest.

Der Rest einer Summe (oder einer Differenz oder eines Produktes oder eines Quotienten) ist stets gleich der Summe (oder der Differenz oder dem Produkt oder dem Quotienten) der Reste der Ausgangswerte.

Das Ganze nennt man auch *Rechnen mit Zahlenkongruenzen*. Opa erklärte weiter, dass dies bei der sogenannten *Neunerprobe* genutzt wird.

Dabei wird die Rechnung mit den *Neuner-Resten* der einzelnen Elemente der Rechnung (z.B. Summanden, Faktoren, Divisoren oder Exponenten) wiederholt. Es wird also modulo 9 gerechnet und geprüft, ob das Ergebnis der Probe modulo 9 mit dem ursprünglichen Ergebnis übereinstimmt.

Als Beispiel nahm Opa an, dass jemand bei der Aufgabe 456 + 739 + 481 + 603 als Ergebnis 2179 angab.

Opa schrieb die *Neunerprobe*:

$$456 \equiv 6 \bmod 9$$
$$739 \equiv 1 \bmod 9$$
$$481 \equiv 4 \bmod 5$$
$$603 \equiv 0 \bmod 9$$
$$\text{und } 6 + 1 + 4 + 0 \equiv 2 \bmod 9$$

Dann stellte er fest: „Es ist aber $2179 \equiv 1 \bmod 9$, also ist dieses Ergebnis falsch! Richtig ist 2279 und es gilt natürlich $2279 \equiv 2 \bmod 9$."

Opa gab zu bedenken: „Wenn die Neunerprobe nicht stimmt, ist das Ergebnis mit Sicherheit falsch. Wenn aber die Neunerprobe stimmt, ist damit nicht gesagt, dass das Ergebnis richtig ist", und nannte auch dafür folgendes Beispiel:

Wenn jemand bei der Aufgabe 456 + 739 + 481 + 603 statt der 603 die Zahl 630 addiert, erhält er den falschen Wert 2306.

Die Neunerprobe

$$456 \equiv 6 \bmod 9$$
$$739 \equiv 1 \bmod 9$$
$$481 \equiv 4 \bmod 5$$
$$603 \equiv 0 \bmod 9$$

ergibt $6 + 1 + 4 + 0 \equiv 2 \bmod 9$ und stimmt so mit dem richtigen Ergebnis überein.

Der Fehler wurde also nicht entdeckt.

„Wir wissen ja, dass bei Zahlendrehern die Differenz ein Vielfaches von 9 ist", erinnerte Opa und stellte fest, dass somit Zahlendreher durch die Neunerprobe nicht entdeckt werden können.

Dennoch hat die Neunerprobe in der Vergangenheit, als umfangreiche Rechnungen ohne die heutigen Hilfsmittel bewältigt werden mussten, eine große Rolle gespielt.

„Bevor wir zu den Geburtstagen kommen, will ich euch noch auf eine Besonderheit hinweisen", meinte Opa und verlangte: „Rechnet bitte einmal $3 \cdot 6 \mod 9$."

Susi schrieb: $3 \cdot 6 \equiv 18 \equiv 0 \mod 9$ und wunderte sich: „Da kommt ja Null heraus."

Opa erklärte, dass dies die Besonderheit ist. Beim Rechnen mit reellen Zahlen gilt, dass ein Produkt nur dann Null ist, wenn mindestens ein Faktor Null ist. Für das Rechnen mit Zahlenkongruenzen stimmt das offensichtlich nicht mehr. Diese sogenannte *Nullteilerfreiheit* gilt beim Rechnen mit Zahlenkongruenzen nur, wenn modulo einer Primzahl gerechnet wird.

„So, nun wollen wir aber klären, was das Ganze mit den Geburtstagen zu tun hat", setzte er seine Rede fort.

„Da die Woche 7 Tage hat, müssen wir sicher modulo 7 rechnen", meinte *Susi*.

„Sehr gut", kam es vom Opa. Er erläuterte, dass dem Montag die 1 zugeordnet wird, dem Dienstag die 2 usw. bis zum Sonntag, dem dann die 0 entspricht. Hier erinnerte Opa daran, dass $7 \equiv 0 \mod 7$ gilt.
„Nun gilt es, die Jahre zu berücksichtigen", redete Opa weiter. „Wie viele Tage hat ein Jahr? Rechnet einmal!"

Jetzt wurde *Peter* aktiv: „Das Jahr hat 365 Tage und ich glaube, wir müssen 365 modulo 7 rechnen."
Er überlegte kurz und sagte dann: „365 ist gleich $350 + 15$. Modulo 7 ist 350 so gut wie Null und 15 so gut wie 1. Also kann ich schreiben: $350 \equiv 1 \mod 7$."

„Richtig", bestätigte Opa. „Wenn also ein bestimmtes Datum dieses Jahr auf einen Montag fällt, ist es im nächsten Jahr an einem Dienstag und so weiter."

„Aber es gibt ja auch Schaltjahre, da rückt das Datum um zwei Tage vor", gab *Susi* zu bedenken.

„Und wie ist das mit den Monaten? Einmal haben sie 30 Tage, dann 31 und im Februar gar nur 28", fragte *Peter*.

„Alles sehr gut überlegt", bestätigte Opa. „Das mit den Monaten ist tatsächlich nicht ganz einfach, deshalb braucht man die Tabelle mit den Merkzahlen, die ich euch vorhin gezeigt habe. Seht sie euch noch einmal genau an. Fällt euch etwas auf?"

Jan	Feb	Mrz	Apr	Mai	Jun
5	**1**	**1**	**4**	**6**	**2**
Jul	Aug	Sep	Okt	Nov	Dez
4	**0**	**3**	**5**	**1**	**3**

„Es sind nur Zahlen von 0 bis 6, also hat es etwas mit modulo 7 zu tun", vermutete *Susi*.

„So ist es", sprach Opa. „Wir können uns nachher einmal überlegen, wie diese Tabelle zustande gekommen ist. Jetzt will ich die Formel aufschreiben, in der alle unsere bisherigen Überlegungen berücksichtigt sind. Sie lautet:"

$$W \equiv T + M + J + [J/4] + K \pmod 7.$$

Opa erklärte, was die einzelnen Variablen bedeuten.

W ist die Zahl für den Wochentag (1 für Mo; 2 für Di; 3 für Mi, usw. 6 für Sa und 0 für So.);

T ist die Tageszahl im Datum;

M   ist die Merkzahl für den Monat im Datum;

J   ist die Jahreszahl des Datums;

[J/4] ist die größte ganze Zahl, die der Quotient von Jahreszahl durch 4 enthält. (Hiermit werden die Schaltjahre berücksichtigt);

K   ist ein Korrekturglied, das entweder den Wert 0 oder den Wert -1 annimmt.

K = -1 gilt nur, wenn die beiden folgenden Bedingungen erfüllt sind:

1. J ist ein Schaltjahr und
2. Der Monat ist der Januar oder der Februar.

Sonst gilt K = 0.

(Hiermit wird berücksichtigt, dass im Schaltjahr der Schalttag erst am Ende des Februars eingefügt wird.)

„Nach dieser Formel kann man zu jedem Datum dieses und des vorigen Jahrhunderts den zugehörigen Wochentag berechnen. Ihr solltet das einmal an einigen Beispielen versuchen. Nehmt einmal meinen Geburtstag den 3.8.1935, dann den von *Susi*s Mutter den 11.1.1963. Außerdem hätte ich gern gewusst, welcher Tag der 20.2.2000 war und auf welchen Tag der 15.1.2016 fallen wird."

Die Kinder nahmen ein Blatt Papier und schrieben:

3.8.1935

Die Merkzahl für August ist 0.

$$
\begin{aligned}
W &\equiv 3 + 0 + 1935 + [1935/4] - 0 \mod 7 \\
&\equiv 3 + 0 + \quad 3 \;\; + [483{,}75] - 0 \mod 7 \\
&\equiv 3 + 0 + \quad 3 \;\; + \quad\; 483 \;\; - 0 \mod 7 \\
&\equiv 3 + 0 + \quad 3 \;\; + \quad\quad 0 \;\; \equiv 6 \mod 7,
\end{aligned}
$$

Der 3.8.1935 war also ein Samstag.

11.1.1963

Die Merkzahl für Januar ist 5.

$$W \equiv 11 + 5 + 1963 + [1963/4] - 0 \mod 7$$
$$\equiv 4 + 5 + 3 + [490{,}75] - 0 \mod 7$$
$$\equiv 4 + 5 + 3 + 490 - 0 \mod 7$$
$$\equiv 4 + 5 + 3 + 0 \equiv 5 \mod 7,$$

Der 11.1.1963 war also ein Freitag.

20.2.2000

Die Merkzahl für Februar ist 1.

Zu beachten ist: Schaltjahr **und** Februar, also $K = -1$

$$W \equiv 20 + 1 + 2000 + [2000/4] - 1 \mod 7$$
$$\equiv 6 + 1 + 5 + [500] - 1 \mod 7$$
$$\equiv 6 + 1 + 5 + 500 - 1 \mod 7$$
$$\equiv 6 + 1 + 5 + 3 - 1 \equiv 0 \mod 7,$$

Der 20.2.2000 war also ein Sonntag.

15.1.2016

Die Merkzahl für Januar ist 5.

Zu beachten ist: Schaltjahr **und** Februar, also $K = -1$

$$W \equiv 15 + 5 + 2016 + [2016/4] - 1 \mod 7$$
$$\equiv 1 + 5 + 0 + [504] - 1 \mod 7$$
$$\equiv 1 + 5 + 0 + 504 - 1 \mod 7$$
$$\equiv 1 + 5 + 0 + 0 - 1 \equiv 5 \mod 7,$$

Der 15.1.2016 wird also ein Freitag sein.

„Opa, wir haben alles ausgerechnet, sieh unsere Ergebnisse bitte einmal an", rief *Peter*.

Opa prüfte und bestätigte, dass alles richtig ist.

„Jetzt wollen wir aber noch wissen, wie man auf die Merkzahlen für die Monate kommt", sagte *Susi*.

Opa erklärte: „Ich bin vom 1. März 2000 ausgegangen und wusste, dass dieser ein Mittwoch war. Damit konnte ich die Merkzahl für den März aus der Formel wie folgt berechnen", und er schrieb:

$3 \equiv 1 + x + 2000 + [2000/4] - 0 \mod 7$
$3 \equiv 1 + x + 0 + [500] \mod 7$
$3 \equiv 1 + x + 6 + 500 \mod 7$
$3 \equiv 1 + x + 5 + 3 \mod 7$
$0 \equiv 1 + x + 5 \mod 7$ und daraus folgt
$x \equiv 1 \mod 7$, also heißt die Merkzahl für den März **1**.

Der März hat 31 Tage, $31 \equiv 3 \mod 7$, daraus ergibt sich der Merkzahl für den April; $1 + 3 \equiv$ **4** $\mod 7$.
Der April hat 30 Tage, $30 \equiv 2 \mod 7$, daraus ergibt sich der Merkzahl für den Mai: $4 + 2 \equiv$ **6** $\mod 7$.
Der Mai hat 31 Tage, $31 \equiv 3 \mod 7$, daraus ergibt sich der Merkzahl für den Juni: $6 + 3 \equiv 9 \equiv$ **2** $\mod 7$ usw.

„Nun will ich euch noch zeigen, wie ihr einen euch unbekannten Geburtstag ermitteln könnt", setzte Opa fort.
„Nehmen wir einmal an, ich wüsste **Peter**s Geburtstag nicht. Ich würde ihn bitten, den Tag mit 3 zu multiplizieren und 5 zu addieren. Dieses Ergebnis soll er mit 4 multiplizieren und dann noch Tag und Monat addieren. Dann soll er mir das Ergebnis nennen."

Peter ist am 23.3 geboren und rechnete:
$23 \cdot 3 + 5 = 69 + 5 = 74$
$74 \cdot 4 + 23 = 319$
$319 + 3 = 322$
Peter nannte demzufolge die Zahl 322

Opa fuhr fort: „Von der Zahl 322 subtrahiere ich 20 und erhalte $322 - 20 = 302$. Dann dividiere ich 302 durch 13 und erhalte **23** · 13 = 299; Rest **3**. Hieraus schließe ich: **Peter** hat am 23.3. Geburtstag. Das funktioniert immer und ihr könnt euch einmal überlegen, warum das so ist."

„Das probiere ich einmal mit einer Gleichung", schlug **Susi** vor. „Den Geburtstag nenne ich x und den Monat y. Dabei ist x höchstens 31 und y höchstens 12." Dann schrieb sie folgende Gleichungen:

$$z = (x \cdot 3 + 5) \cdot 4 + x + y$$
$$= 12 \cdot x + 20 + x + y$$
$$= 13 \cdot x + y + 20.$$

„Wenn ich jetzt z − 20 rechne, erhalte ich $13 \cdot x + y$", setzte Susi ihre Erklärung fort. „Damit ist klar, dass beim Teilen durch 13 der Wert für x herauskommt und y als Rest bleibt, denn y ist ja kleiner als 13."

„Ausgezeichnet, meine kleine Mathematikerin", lautete Opas Anerkennung. „Besonders hat mir gefallen, wie selbstverständlich du eine Gleichung angesetzt hast", und er erklärte, dass viele Probleme, die mit Hilfe der Mathematik gelöst werden können, auf Gleichungen führen. Dabei besteht der schwierigste Schritt meist darin, das Problem in eine entsprechende Gleichung zu übersetzen. Das soll an den folgenden Beispielen gezeigt werden:

Beispiel 1:
Der Heizölvorrat eines Hauses reicht für 60 Tage, wenn täglich 20 Liter verbraucht werden. Wie lange reicht er, wenn der Verbrauch auf 30 Liter pro Tag steigt?"

Peter begann und sagte: „Die gesuchte Anzahl von Tagen nenne ich x." Dann schrieb er:

$$60 \cdot 20 = 30 \cdot x$$
$$x = (60 \cdot 20) : 30 = 40$$

Er stellte fest: „Der Vorrat reicht dann nur für 40 Tage".

Das Beispiel 2 zitierte Opa aus einem 1524 erschienenen Rechenbuch von ADAM RIES. Dort findet sich folgende Aufgabe:

Jemand dingt einen Arbeiter für 28 Tage unter der Bedingung, dass er ihm 5 Pfennig (pro Tag) zahlt, wenn er arbeitet, dass der Arbeiter aber ihm 3 Pfennig (pro Tag) zu zahlen habe, wenn er nicht arbeitet.

Als nun die 28 Tage um sind, rechnen sie miteinander ab und kommen zu dem Ergebnis, dass keiner dem anderen etwas schuldig ist, dass aber auch keiner dem anderen etwas zu geben hat, weder der Herr noch der Arbeiter. Die Aufgabe lautet nun: Wie viele Tage hat der Arbeiter gearbeitet und wie viele Tage nicht?

Susi begann die Aufgabe zu lösen und sagte: „Ich setze die Anzahl der gearbeiteten Tage gleich x. Dann ist die Anzahl der nicht gearbeiteten Tage gleich 28 − x", und sie schrieb folgende Gleichung:

$$5 \cdot x = 3 \cdot (28 - x)$$
$$5 \cdot x = 84 - 3 \cdot x$$
$$8 \cdot x = 84$$
$$x = 10,5$$

Sie stellt fest: „ Der Arbeiter hat 10,5 Tage gearbeitet und 17,5 Tage nicht."

„Sehr schön, was ihr heute schon alles könnt", sagte Opa."

Er erklärte, dass allerdings zu Zeiten von Adam Ries die Verwendung des Gleichheitszeichens und von Buchstaben für Unbekannte – die Mathematiker sagen dazu *Variable* – noch nicht bekannt war. Hingegen kannte man schon Umformungsregeln für Gleichungen, die meist langsprachlich formuliert wurden. Der Begriff

Gleichung geht auf den italienischen Mathematiker LEONARDO VON PISA, genannt FIBONACCI, zurück, der in seinen Schriften das entsprechende italienische Wort „*equatiae*" benutzte. Generell wurde die Gleichheit zweier Terme lange verbal ausgedrückt, z. B. durch das lateinische „*aequalis*" d. h. „gleich".

Das heutige Gleichheitszeichen stammt von dem englischen Mathematiker ROBERT RECORDE (1510 – 1558), der argumentierte, dass man sich nichts Gleicheres vorstellen könne als zwei parallele Geraden."

Das Verwenden von Variablen hat auch eine lange Geschichte. Im alten Ägypten benutzte man für die gesuchte Größe das Wort *Haufe*.

Bei den Griechen wurde vielfach der Buchstabe τ (tau) genutzt, die Inder verwendeten Farben.

Die Mathematiker der Antike benutzten – von wenigen Ausnahmen abgesehen – keine Variablen. Auch die arabische Mathematiker oder die spanischen mathematischen Zentren, die in der ersten Hälfte des vorigen Jahrtausends die Erkenntnisse besonders der griechischen Mathematik wach hielten und zum Teil weiterentwickelten, kannten keine Variablen. Als einer der ersten verwendete JORDANUS NEMORATIS um 1237 Buchstaben, allerdings ohne verbindende Rechenzeichen. Anfänge der heutigen Symbolik findet man bei den sogenannten *Cossisten* (vom ital. Wort *cosa* für Unbekannte), wie die Algebraiker des 16. Jahrhunderts genannt wurden. Ein bedeutender Cossist war MICHAEL STIFEL. Aber auch er rechnete noch unter Verwendung ziemlich komplizierter textlicher Beschreibungen. Die konsequente Benutzung kleiner lateinischer Buchstaben für die Unbekannten ist von FRANCOIS VIÈTE (1540 – 1603) bekannt. VIETE (er wurde latinisiert auch VIETA genannt) hat in seiner *logistica speciosa* dann auch die Zeichen + und – sowie *Aquadratum* für A^2 verwendet. Die bevorzugte Verwendung der Buchstaben x, y und z für gesuchte Größen geht auf RENÉ DESCARTES zurück.

Eine konsequente und folgerichtige Verwendung von Variablen geschieht jedoch erst im 17. Jahrhundert. Bis dahin wurden Aufgaben, insbesondere auch Gleichungen, Sätze und Lösungsalgorithmen durch umständliche, meist schwer verständliche Satzkonstruktionen langsprachlich ausgedrückt. Später wurden dann Variable eingeführt, ohne dass diese gleich so benannt wurden. Man sprach von allgemeinen Zahlen, Buchstabengrößen u.ä. und bezeichnete das Arbeiten mit Variablen als Buchstabenrechnen.

Umformungsregeln für Gleichungen waren schon länger bekannt. Die für Addition und Subtraktion wurden bereits von dem griechischen Mathematiker DIOPHANTOS VON ALEXANDRIA angegeben und genutzt.

Eine Zusammenstellung von Regeln zum rein formalen Lösen von Gleichungen findet sich bei dem persisch-arabischen Mathematiker MUHAMMAD IBN MUSA AL-CHWARIZMI (787 – um 850). Er legte sie in seinem um 820 erschienenen Buch mit dem Titel „*Hisab al'dschabr wal mukábala*" (das Buch vom Hinüberschaffen und vom Zusammenfassen) dar. Es bildete für lange Zeit die Grundlage der Gleichungslehre. Aus dem Wort *al'dschabr* entwickelte sich die Bezeichnung *Algebra*.

Wenn ein Problem auf eine Gleichung mit einer Unbekannten führt, bereitete die Lösung normalerweise keine Schwierigkeiten, vorausgesetzt die Unbekannte kommt nur in der 1. Potenz vor.

Auch für Gleichungen mit mehreren Unbekannten gibt es Lösungsverfahren, die dann zum Ziel führen, wenn die Anzahl der Unbekannten mit der Anzahl der Gleichungen übereinstimmt und wenn sich Gleichungen nicht widersprechen oder identisch sind.

Komplizierter wird es, wenn die Unbekannten als Basis oder gar als Exponent von Potenzen oder in Wurzeln auftauchen. Da gibt es Gleichungen, die auch heute nur näherungsweise gelöst werden können.

„Ich glaube, da haben wir in Mathematik noch ganz schön viel zu lernen", meinte *Susi*.

„Dafür geht ihr ja auch noch ein paar Jahre in die Schule", antwortete Opa. „Aber auf eine Art Gleichungen, die man schon in der Antike lösen konnte, wollen wir zum Abschluss noch eingehen."

Opa erläuterte, dass es manchmal Probleme gibt, die auf **eine** Gleichung mit **zwei** Unbekannten führen und nannte folgende Aufgabe:

Ein Betrag von 34 Euro soll aus 2-Euro-Münzen und 5-Euro-Scheinen zusammengesetzt werden. Welche Möglichkeiten gibt es?"

Peter bezeichnete die Anzahl der Münzen mit x und die der Scheine mit y und schrieb sofort auf: $2x + 5y = 34$. Dann stellte er fest: „Wir haben eine Gleichung mit zwei Unbekannten."

Opa sagte: „Zum Lösen solcher Gleichungen kann man Zahlenkongruenzen nutzen", und forderte die Kinder auf, dies zu versuchen.

Peter begann: "Wenn ich modulo 5 rechne, fällt eine Unbekannte weg".

Er schrieb:

$$2x + 5y \equiv 34 \mod 5$$
$$2x + 0 \equiv 4 \mod 5$$
$$2x \equiv 4 \mod 5$$
$$x \equiv 2 \mod 5$$

Er überlegte: „Die Anzahl der 2-Euro-Münzen kann 2; 7; 12 oder 17 sein, mehr geht nicht, weil nur 34 Euro aufgeteilt werden sollen."

Nun rechnete *Susi*:

$$2x + 5y \equiv 34 \mod 2$$
$$0 + 5y \equiv 0 \mod 2$$
$$y \equiv 0 \mod 2$$

Sie argumentierte: „Die Anzahl der 5-Euro-Scheine kann 0; 2; 4; oder 6 sein, mehr geht nicht, weil $8 \cdot 5$ schon 40 ist. Jetzt müssen wir nur noch feststellen, welche Zahlen zueinander passen."

„Legt doch eine Tabelle an", schlug Opa vor.

Die Kinder schrieben:

Anzahl der Münzen	2	7	12	17
Anzahl der Scheine	6	4	2	0

„Eine Kontrolle sollte aber noch sein", verlangte Opa.

Susi notierte: $2 \cdot 2 + 6 \cdot 5 = 34$ $\qquad 7 \cdot 2 + 4 \cdot 5 = 34$

$\qquad\qquad\quad 12 \cdot 2 + 2 \cdot 5 = 34$ $\qquad 17 \cdot 2 + 0 \cdot 5 = 34$

Opa stellte fest: „Bei unserer Aufgabe gab es nur 4 Lösungen, also 4 verschiedene Zahlenpaare. Das liegt daran, dass negative Werte für x und y auf Grund der Aufgabenstellung ausgeschlossen sind. Solche Gleichungen vom Typ $a \cdot x + b \cdot y = c$ heißen *diophantische Gleichungen*. Sie sind nach dem griechischen Mathematiker DIOPHANTOS VON ALEXANDRIA, benannt, der sich unter anderem ausführlich mit dem Lösen derartiger Gleichungen beschäftigt hat."

Opa erklärte weiter, dass man heute folgendes weiß:
Eine diophantische Gleichung $a \cdot x + b \cdot y = c$ hat im Bereich der ganzen Zahlen entweder unendlich viele oder keine Lösung. Sie hat genau dann Lösungen, wenn der größte gemeinsame Teiler (ggT) von a und b auch Teiler von c ist, wobei vorausgesetzt wird, dass a, b und c keinen gemeinsamen Faktor enthalten, was man durch entsprechendes Dividieren immer erreichen kann.

Wenn a und b teilerfremd sind, ist ihr ggT gleich 1 und damit natürlich Teiler von c, es gibt in diesem Fall also Lösungen. Oftmals wird bei diophantischen Gleichungen die Menge der Lösungen durch Zusatzbedingungen eingeschränkt, wie in unserem Beispiel.

Zum Schluss stellte Opa noch zwei Aufgaben, wobei er bemerkte, dass die erste zwar gekünstelt erscheint, in dieser oder ähnlicher Weise aber schon uralt ist.

Aufgabe 1
Eine bestimmte Anzahl von Hasen und Gänsen haben zusammen 62 Beine. Es gibt mehr Hasen als Gänse, aber nicht mehr als doppelt so viele. Wie viele Tiere jeder Art können es sein?"

Susi begann und sagte: „Ein Hase hat 4 Beine, eine Gans hat 2 Beine. Wenn x die Anzahl der Hasen und y die der Gänse ist, gilt die Gleichung $4 \cdot x + 2 \cdot y = 62$.

Ich teile zunächst durch 2 und rechne dann mit Kongruenzen". Sie schrieb:

$$2 \cdot x + y = 31 \qquad 2 \cdot x + y \equiv 31 \mod 2$$
$$0 + y \equiv 1 \mod 2$$

Susi argumentierte: „Die Anzahl der Gänse ist also 1; 3; 5; usw. eine ungerade Zahl kleiner als 31. Mehr geht nicht, weil 31 Gänse schon 62 Beine haben.

Nun kann ich das jeweilige x, die Anzahl der Hasen, ausrechnen, weil $2 \cdot x = 31 - y$ gilt und hieraus sofort $y = 31 - 2 \cdot x$ folgt."

Dann schrieb sie schrieb folgende Tabelle auf:

Gänse	1	3	5	**7**	**9**	11	13	...	31
Hasen	15	14	13	**12**	**11**	10	9	...	0

Dann erklärte sie: „Da es mehr Hasen als Gänse sein sollen, aber nicht mehr als doppelt so viele, kommen nur die beiden Lösungen 7 Gänse und 12 Hasen oder 9 Gänse und 11 Hasen infrage."

„So ist es", sagte Opa und stellte die zweite Aufgabe.

Aufgabe 2
Zum Transport von 730 t Kohle stehen Güterwagen mit Kapazitäten von 15 t und von 20 t zur Verfügung. Wie kann der Zug zusammengestellt werden, wenn er nicht mehr als 40 Wagen haben soll, aber nur 30 Wagen mit einer Kapazität von 20 t vorhanden sind?

Jetzt wollte *Peter* die Aufgabe lösen und sagte: "Die Anzahl der Wagen mit 15 t Kapazität ist x und die Anzahl der Wagen mit 20 t Kapazität ist y. Dann heißt die Gleichung $15 \cdot x + 20 \cdot y = 730$.
Ich teile durch 5 und erhalte $\quad 3 \cdot x + 4 \cdot y = 146$."

Dann rechnete er mit Kongruenzen

$$3x + 4y \equiv 146 \quad \text{mod } 4$$
$$3x + 0 \equiv 2 \quad \text{mod } 4$$
$$3x + 0 \equiv 6 \quad \text{mod } 4$$
$$x \equiv 2 \quad \text{mod } 4$$

Peter stellte fest: „Die Anzahl der Wagen mit 15 t Kapazität kann 2; 6; 10; 14; 18; 22; 26; 30; 34; 38 oder 40 sein. Mehr als 40 Wagen hat der Zug nicht. Um die Anzahl der Wagen mit 20 t Kapazität zu ermitteln, rechne ich modulo 3."

$$3x + 4y \equiv 146 \quad \text{mod } 3$$
$$4y \equiv 2 \quad \text{mod } 3$$
$$y \equiv 2 \quad \text{mod } 3$$

Dann stellte er fest: Die Anzahl der Wagen mit einer Ladefähigkeit von 20 t kann 2; 5; 8; 11; 14; 17; 20; 23; 26; 29; 32; 35 oder 38 sein, mehr Wagen hat der Zug nicht. Nun müssen nur noch die zusammen passenden Werte herausgesucht werden. Dazu stelle ich wieder eine Tabelle auf." Dann schrieb er:

Anz. Wag. 15 t	2	6	10	14	18	22	...	38
Kohle in t	30	90	150	210	270	330		570
Anz. Wag. 20 t	35	32	29	26	23	20	...	8
Kohle in t	700	640	580	250	460	400		160
Wag. gesamtl	37	38	39	40	41	42		46
Kohle in t	730	730	730	730	730	730		730

Peter erklärte weiter: „Da es nur 30 Wagen mit einer Kapazität von 20 t gibt, scheiden die ersten beiden Lösungen aus. Da der Zug maximal 40 Wagen haben darf, scheiden alle Lösung ab der fünften aus.

Es gibt also nur zwei Lösungen. Entweder nimmt man 10 Wagen mit 15 t Kapazität und 29 Wagen mit 20 t Kapazität und hat eine Zuglänge von 39 Wagen oder man nimmt 14 Wagen mit 15 t Kapazität und 26 t Wagen mit 20 t Kapazität, womit der Zug 40 Wagen lang wird."

„Alles korrekt", bestätigte Opa und meinte, dass nun genug gerechnet sei.

Schlusskapitel

Was Opa noch sagen wollte

Zu Positionssystemen

Positionssysteme sind zu jeder Basiszahl möglich.

Die Tatsache, dass wir ein dekadisches Positionssystem verwenden, hängt wahrscheinlich mit der Anzahl unserer Finger zusammen. Aus anatomischen Gründen würden sich auch die Basiszahlen 5 oder 20 anbieten. Es gibt aber nur eine Sprache, in der man ein System findet, das auf der Zahl Fünf aufbaut, nämlich die südamerikanischen Sprache *Saraveca*.

Allerdings kommt der Fünf auch in manchen Positionssystemen, die auf 10 oder 20 basieren, eine Sonderrolle zu. In vielen zentralamerikanischen Sprachen werden die Zahlen Sechs bis Neun durch Fünf plus Eins, Fünf plus Zwei usw. ausgedrückt.

Eine Verwendung der Basiszahl Zwanzig findet man in der Sprache der Kelten und im System der Maja (siehe unten).

Historisches:

Nur in vier Kulturkreisen mit geschriebener Sprache kommen Positionssysteme vor.

Auf das schon vor über 4000 Jahren in **Mesepotamien** gebräuchliche System wurde bereits im 2. Kapitel eingegangen (siehe Seite 20).

Außer in diesem kennt man Positionssysteme noch in folgenden Kulturkreisen:

- In **China** reichen die Anfänge der Rechenkunst weit in die Vorzeit zurück. So soll der legendäre Gelbe Kaiser drei Dienern folgende Aufträge erteilt haben:

Xi He die Beobachtung der Sonne; Chang Yi die Beobachtung des Mondes und Li Shou die Erfindung der Arithmetik. Ein Einzelner dürfte indes kaum in der Lage gewesen sein, die Arithmetik zu erfinden.

Sicher ist, dass während der Shang-Dynastie (16. bis 11. Jahrhundert v. Chr.) Zeichen für Ziffern verwendet wurden.

In der sogenannten Orakelknochenschrift wurden z.B. die Zahlen 1 bis 4 durch waagerechte Striche übereinander, die Zahl 5 durch X und die Zahl 6 durch ∩ dargestellt. Die größte auf Orakelknochen eingetragene Zahl ist 30.000, die kleinste 1.

Die Einheiten Zehner, Hunderter, Tausender und Zehntausender wurden jeweils durch ein besonderes Zahlzeichen dargestellt.

Rechnungen wurden im alten China mit sogenannten Rechenstäbchen ausgeführt. Um Zahlen darzustellen wurden die Stäbchen entweder horizontal oder vertikal gelegt. Die Einer horizontal, die Zehner vertikal, die Hunderter wieder horizontal usw. Für die Null stand eine Leerstelle. Das Dezimalsystem im eigentlichen Sinne ist dann zwischen 770 und 221 v. Chr. entstanden.

- Die **Maya** sind ein indianisches Volk im Norden Zentralamerikas (Mexiko, Guatemala, Honduras). Mehrere Millionen Indianer sprechen noch als Muttersprache eine von etwa 30 Mayasprachen.

In vorkolumbianischer Zeit verfügten die Maya über eine ausgeprägte Hochkultur (höchstwahrscheinlich beschränkt auf eine kleine Oberschicht), deren Zeugnisse Tempel mit reich geschmückten Fassaden und beeindruckenden Wandgemälden sind. Im 1. Jh. vor Chr. entwickelte sich eine Wortzeichenschrift. Von ihren 892 Zeichen lassen sich bisher etwa 300 entschlüsseln, vorwiegend Zahlzeichen und Zeitangaben sowie die Namen von Gottheiten und Herrschern.

Bekannt ist, dass die Maya über recht genaue Kalender verfügten. Zahlen von 1 bis 19 werden mit Punkten für Einer und Strichen für Fünfer geschrieben.

Für höhere Zahlen bediente man sich eines zusätzlichen Zeichens für 20 und eines Positionssystems mit der Basiszahl 20. Für die unbesetzte Stelle hatte man ein gesondertes Zeichen.

- In **Indien** stammt das erste erhalten gebliebene schriftliche Dokument einer (sicher schon Jahrhunderte vorher existierenden) hochentwickelten Kultur aus dem 3. Jh. v. Chr. Es ist in Sanskrit verfasst. Sanskrit beinhaltet ein Dezimalsystem und verfügt über verschiedene Namen für die neun Grundziffern sowie für 10, 100, 1000 und größere Zehnerpotenzen.

Ein Positionssystem, das nur mit den Ziffern 1 bis 9 und der Null auskommt, ist durch einen Bericht von VASUMITRA über das von König KANISHKA (Ende 1.Jh. – Anfang 2. Jh. n. Chr.) einberufene Konzil des Buddhismus erstmals schriftlich dokumentiert.

Im Jahre 662 n. Chr. verwies der syrische Autor SEVERUS SEBOKT auf die Leistungen der indischen Wissenschaft, u.a. auf ihre Fähigkeit, mit nur 9 Ziffern und der Null zu rechnen.

Unser dekadisches Positionssystem geht auf den indischen Kulturkreis zurück. Im Jahre 773 brachte ein Inder astronomische Schriften von BRAMAGUPTA an den Hof des Kalifen AL-MANSUR in Bagdad. Der bedeutende arabische Mathematiker AL-CHWARIZMI verwertete diese in seinem Lehrbuch der Arithmetik, in dem er die *neuen* indischen Ziffern erklärte und verwendete. Dieses Buch erschien 820 n. Chr.

In Spanien wurde dieses Buch im 12. Jahrhundert durch ROBERT VON CHESTER (1. Hälfte des 12. Jh.) übersetzt. Von da aus traten dann die sogenannten *arabischen Ziffern,* die eigentlich *indische Ziffern* heißen müssten, ihren Siegeszug an. Vor allem, weil man mit ihnen viel leichter rechnen konnte als mit den *römischen Ziffern.*

Die Gestalt der Ziffern 0 bis 9 hat sich im Laufe der Zeit natürlich verändert, ihre heutige Form geht auch zurück auf den bedeutenden Maler ALBRECHT DÜRER (1471 – 1528).

Rechnen in Positionssystemen

Die Regeln für das Rechnen in Positionssystemen sind weitgehend unabhängig von der Wahl der Basiszahl. Eine Ausnahme bilden die Teilbarkeitsregeln.

Insbesondere funktionieren die Verfahren des schriftlichen Rechnens in allen Positionssystemen in gleicher Weise.

Dies soll nachfolgend an einer Gegenüberstellung von schriftlicher Addition und schriftlicher Multiplikation im Dezimalsystem und im Oktalsystem (Basiszahl 8) gezeigt werden:

Aufgabe 1:   3572 + 6813

a) schriftliche Addition im **Dezimalsystem:**

$$\begin{array}{r} 3572 \\ +\ \underline{6813} \\ \underline{10385} \end{array}$$

b) schriftliche Addition im **Oktalsystem**:
(Die Ziffern im Oktalsystem sind *kursiv* gesetzt.)
$3572 = 6{\cdot}8^3 + 7{\cdot}8^2 + 6{\cdot}8^1 + 4{\cdot}8^0 \rightarrow 6764$
$6813 = 1{\cdot}8^4 + 5{\cdot}8^3 + 2{\cdot}8^2 + 3{\cdot}8^1 + 5{\cdot}8^0 \rightarrow 15235$

$$\begin{array}{l} 6764 \\ \underline{15235} \\ \underline{24221} \end{array}$$ *(4+5 = 8+1,* schreibe *,1* merke *1)*
          (3+6+1 = 8+2, schreibe 2, merke 1 *usw.)*

$24221 = \ 2{\cdot}8^4\ +\ 4{\cdot}8^3 + 2{\cdot}8^2 + 2{\cdot}8^1 + 1{\cdot}8^0$
$24221 \rightarrow 8192 + 2048 + 128 +\ \ 16\ + 1 = 10385$

Aufgabe 2 $572 \cdot 12$

a) schriftliche Multiplikation im **Dezimalsystem:**

$$\begin{array}{l} \underline{572 \cdot 12} \\ 572 \\ \underline{1144} \\ \underline{6864} \end{array}$$

b) schriftliche Multiplikation im **Oktalsystem:**
$572 = 1{\cdot}8^3 + 0{\cdot}8^2 + 7{\cdot}8^1 + 4{\cdot}8^0 \rightarrow 1074$
$12 = 1{\cdot}8^1 + 4{\cdot}8^0 \rightarrow 14$

$$\begin{array}{l} \underline{1074 \cdot 14} \\ \quad 1074 \\ \ \underline{\ 4360} \\ \underline{15320} \end{array}$$ (siehe Anmerkung 1)
                (siehe Anmerkung 2)

Anmerkung 1: $4{\cdot}4 = 16$, schreibe *0* merke *2*
                $4{\cdot}7 = 28 = 3{\cdot}8+6$; schreibe *6*, merke *3*

6+4 = 10, schreibe *2*, merke *1*
3+7+1 = 11; schreibe 3, merke *1*

$$15320 = \quad 1{\cdot}8^4 + \quad 5{\cdot}8^3 + 3{\cdot}8^2 + 2{\cdot}8^1 + 0{\cdot}8^0$$
$$15320 \rightarrow 4096 + 2560 + 192 + \quad 16 \quad + \quad 0 = 6864$$

Die Verfahren funktionieren also völlig analog, wobei beim Übertrag, wie aus den Anmerkungen ersichtlich , die entsprechenden Potenzen von 8 zu beachten sind.

Zur Berechnung vollkommener Zahlen

Die von EUKLID in seinen Elementen angegebene Methode zum Berechnen gerader vollkommener Zahlen führt – wenn man sie mit heutiger Symbolik schreibt, die den Mathematikern der Antike allerdings völlig fremd war – zu folgender Formel:

$v = 2^{p-1} \cdot (2^p - 1)$, wobei vorausgesetzt wird, dass p und $2^p - 1$ Primzahlen sind.

In der folgenden Übersicht wird diese Formel angewandt.

p	2^{p-1}	$2^p - 1$	v
2	$2^1 = 2$	$2^2 - 1 = 3$	$2{\cdot}3 =$ **6**
3	$2^2 = 4$	$2^3 - 1 = 7$	$4{\cdot}7 =$ **28**
5	$2^4 = 16$	$2^5 - 1 = 31$	$16{\cdot}31 =$ **496**
7	$2^6 = 64$	$2^7 - 1 = 127$	$64{\cdot}127 =$ **81228**
11	$2^{10} = 1024$	$2^{11} - 1 = 2047$	$1024{\cdot}2047 = 2096128$

2047 ist keine Primzahl, denn es gilt 2047 =23·89.   2096128 ist somit **keine** vollkommene Zahl.

| 13 | $2^{12} = 4096$ | $2^{13} - 1 = 8191$ | $4096{\cdot}8191=$ **3355033** |

Mit der hier angewandten Formel kann aber nicht die Frage beantwortet werden, ob es eine größte vollkommene Zahl gibt oder ob unendlich viele davon existieren. Diese Formel liefert nämlich nur dann sicher eine vollkommene Zahl, wenn $2^p - 1$ eine Primzahl ist, aber genau dies lässt sich für über alle Grenzen wachsende Zahlen p nicht vorhersagen.

Zum Ermitteln pythagoreischer Zahlentripel

Gesucht sind drei natürliche Zahlen a, b und c, für die $a^2 + b^2 = c^2$ gilt.

Relativ einfach lassen sich Tripel a; b; c finden, bei denen c um 1 größer ist als a.
Dann muss nämlich gelten: $a^2 + b^2 = (a + 1)^2$,
also $a^2 + b^2 = a^2 + 2a + 1$ und somit $b^2 = 2a + 1$.
b^2 muss also eine ungerade Quadratzahl sein.
Aus jeder ungeraden Quadratzahl kann man dann ein pythagoreisches Zahlentripel berechnen.

$b^2 = 25$; b = **5**   2a + 1 = 25;   a = **12**;
$\qquad\qquad$ 25 + 144 = 169 $\qquad$ c = $\sqrt{169}$ = **13**

$b^2 = 49$; b = **7**   2a + 1 = 49;   a = **24**;
$\qquad\qquad$ 49 + 576 = 625 $\qquad$ c = $\sqrt{625}$ = **25**

$b^2 = 81$; b = **9**   2a + 1 = 81;   a = **40**;
$\qquad\qquad$ 81 + 1600 = 1681 $\qquad$ c = $\sqrt{1681}$ = **41**

$b^2 = 121$ b = **11**   2a + 1 = 121;   a = **60**;
$\qquad\qquad$ 121 + 3600 = 3721 $\qquad$ c = $\sqrt{3721}$ = **61**

Zur FERMAT'schen Vermutung

PIERRE DE FERMAT äußerte die Vermutung, dass es keine natürlichen Zahlen n größer 2 gibt, die die Bedingung $a^n + b^n = c^n$ erfüllen. Er gab an, einen Beweis dafür gefunden zu haben. Generationen von Mathematikern haben sich vergeblich bemüht, diesen Beweis wieder – oder neu zu finden. LEONHARD EULER hat einen Beweis gefunden, dass es für den Exponenten 3 keine solchen Zahlen geben kann. Dieser Beweis verläuft indirekt.

Man nimmt an, dass es Lösungen gäbe. Dann muss es auch ein Tripel mit der kleinste Zahl c_1 geben, einen *kleinsten Verbrecher* gegen die Behauptung, dass es keine Lösung gibt. EULER hat nun gezeigt, dass daraus ein noch kleineres c_2 folgen würde. Also kann c_1 nicht der kleinste Verbrecher gewesen sein. Es besteht ein Widerspruch zur Voraussetzung, diese ist also falsch.

Einen weiteren Schritt schaffte EDUARD KUMMER. Er entwickelte die Zahlentheorie weiter und prägte den Begriff der *idealen Zahlen*. Diese stellen eine Erweiterung der komplexen Zahlen dar. Im Bereich der *idealen Zahlen* gilt aber wieder die Eindeutigkeit der Primfaktorzerlegung. Mit diesem anspruchsvollen theoretischen Instrument ließ sich die *FERMAT'sche Vermutung* für eine Vielzahl von Exponenten, aber nicht für alle, beweisen.

Erst 1995 konnte schließlich ANDREW WILES einen vollständigen Beweis der Öffentlichkeit vorstellen. Er konnte sich dabei auf Ergebnisse seines früheren Schülers RICHARD TAYLOR stützen.

.

Zu den Primzahlen

Primzahlen haben die Mathematiker von jeher beschäftigt. Die Suche nach einer Formel zur Erzeugung von Primzahlen oder nach Gesetzmäßigkeiten ihrer Verteilung hat nicht unwesentlich zur Entwicklung der Mathematik, insbesondere der Zahlentheorie beigetragen.

PIERE DE FERMAT stellte die Behauptung auf, dass alle Zahlen der Form $2^{2^n} + 1$ Primzahlen sind.

Setzt man der Reihe nach n = 0; 1; 2; 3; 4 ein, so erhält man die ersten fünf dieser Zahlen:

$2^1 + 1 = \mathbf{3}$, $2^2 + 1 = \mathbf{5}$, $2^4 + 1 = \mathbf{17}$, $2^8 + 1 = \mathbf{257}$

und $2^{16} + 1 = \mathbf{65.537}$. Diese sind alles Primzahlen.

EULER zeigte im Jahre 1732, dass die Behauptung falsch ist, weil für n = 5 die sechste dieser Zahlen, nämlich $2^{32} + 1 = 4.294.967.297$ das Produkt der Primzahlen 641 und 6.700.417 ist.

Auch MARIN MERSENNE hat sich intensiv mit Primzahlen befasst. So behauptete er, dass für p $\leq$ 257 die Zahl m = 2^p - 1 nur dann eine Primzahl ist, wenn p eine der Zahlen 1; 2; 3; 5; 7; 13; 17; 19; 31; 67; 127 ist. Obwohl diese Behauptung falsch ist, für p = 61 ergibt sich eine Primzahl und für p = 67 ist m keine Primzahl, hat sie viel zur mathematischen Theoriebildung beigetragen. Zahlen der Form m = 2^p - 1 werden MERSENN'sche Zahlen genannt.

Bei der Suche nach immer größeren Primzahlen spielen MERSENN'sche Zahlen eine wichtige Rolle.

Im Jahr 1987 war die Zahl z = $2^{216.019}$ - 1 die größte bekannte Primzahl. Zu ihrer Darstellung werden rund 65.000 Ziffern benötigt. Mit herkömmlichen Rechenmethoden müsste man mehrere hundert Jahre rechnen, um diese Zahl zu finden. Von da an ging die Suche nach der *größten Primzahl* immer weiter. 1997 wurde das internationales Projekt GIMPS (GREAT INTERNET MERSENNE PRIME SEARCH) gestartet. Es ist ein Kooperationsprojekt von Freiwilligen aus aller Welt, bei dem die Rechenkapazität von miteinander vernetzten Computern, an denen gerade nicht gearbeitet wird, für die Suche nach immer größeren Primzahlen genutzt wird.

Am 23. August 2008 fand EDSON SMITH vom Department Mathematik der UNIVERSITY OF CALIFORNIA, LOS ANGELES (UCLA) die 46. MERSENNE'sche Primzahl, $2^{43.112.609} - 1$, eine Monsterzahl mit 12.978.189 Ziffern.

Diese Primzahl erfüllt die Bedingungen des Preises, den die ELECTRONIC FRONTIER FOUNDATION (EFF) in Höhe von 100.000 Dollar für die Entdeckung der ersten Primzahl mit mehr als 10 Millionen Ziffern ausgesetzt hatte.

Am 6. September 2008 fand HANS-MICHAEL ELVENICH, ein 44-jähriger Elektroingenieur aus Langenfeld bei Köln, die 45. MERSENNE'sche Primzahl. Sie lautet $2^{37.156.667} - 1$, dies ist eine Zahl mit 11.185.272 Ziffern.

Die Suche nach sehr großen Primzahlen ist nicht nur ein Hobby von Mathematik-Enthusiasten, sondern hat auch praktische Bedeutung. Das 1977 von RONALD L. RIVEST, ADI SHAMIR und LEONARD ADLEMAN an der Technische Hochschule Massachusetts entwickelte und nach ihnen benannte RSA-Verfahren nutzt die Tatsache aus, dass eine große Zahl nur mit extrem großem Aufwand in ihre Primfaktoren zerlegt werden kann, während das Erzeugen einer Zahl durch Multiplikation zweier Primzahlen recht einfach ist. Das RSA-Verfahren wird von Banken zur Kommunikation im Internet

genutzt. Wenn eine Nachricht einem Empfänger ver-
schlüsselt zugeleitet werden soll, generiert dieser einen
öffentlichen Schlüssel. Der Absender verwendet diesen
und sendet damit seine Nachricht. Nur der Empfänger
kann diese entschlüsseln, da nur er die „Zusammenset-
zung" des von ihm erzeugten Schlüssels kennt. Zum
Entschlüsseln der Nachricht benötigt man entweder die
beiden Primzahlen, welche die Bank folgerichtig ge-
heim halten muss, oder aber einen gigantischen Rech-
nerpark. Die Sicherheit dieses Verfahrens beruht allein
darauf, dass das Knacken des Schlüssels zu viel Re-
chenleistung und Zeit benötigt. Weil aber Computer
immer leistungsfähiger werden, müssen immer größere
Primzahlen zum Einsatz kommen. Daher ist die Suche
nach diesen auch von ganz praktischem Interesse.
Allerdings sind MERSENNE'sche Primzahlen für dieses
Verfahren ungeeignet, weil sie „leicht zu enttarnen"
sind.
Die größte derzeit bekannte *Nicht-Mersenne-Primzahl*
lautet $19249 \cdot 2^{13018586}+1$. Es ist dies eine Zahl mit etwa
3,9 Millionen Ziffern.

Zu Lücken in der Folge der Primzahlen

Man kann beweisen, dass es unendlich viele Primzahlen gibt. Andererseits lassen sich in der Folge der natürlichen Zahlen auch Lücken beliebiger Längen konstruieren. Will man eine Lücke von der Länge n − 1
konstruieren, geht man folgendermaßen vor:
Man bildet das Produkt p aller Zahlen von 2 bis n, also
$p = 2 \cdot 3 \cdot 4 \cdot 5 ...... \cdot n$.
Nun addiert man zu p der Reihe nach die Zahlen 2; 3;
4; 5 bis n und kann feststellen: p + 2 ist teilbar durch 2;

p + 3 ist teilbar durch 3 usw. bis zur Zahl p + n, die durch n teilbar ist. Die aufeinanderfolgenden Zahlen p + 2; p + 3; p + 4 usw. bis p + n sind damit allesamt keine Primzahlen, man hat also eine Lücke von der Länge n - 1.

Zu Primzahlzwillingen

Das größte derzeit bekannte Zwillingspaar sind die beiden Zahlen $2003663613 \cdot 2^{195.000} \pm 1$. Das sind Zahlen mit 58.711 Ziffern.

Zur GOLDBACH'schen Vermutung

Unter der GOLDBACH'schen Vermutung wird heute allgemein die Behauptung verstanden, dass jede gerade Zahl, die größer als 2 ist, als Summe zweier Primzahlen geschrieben werden kann.

Ursprünglich hat CHRISTIAN GOLDBACH in einem Brief an Leonhard Euler 1742 geäußert, dass jede ungerade Zahl größer als 5 als Summe dreier Primzahlen geschrieben werden kann.

Diese sogenannte schwache GOLDBACH'sche Vermutung ist vor allem durch die 1937 veröffentlichte Arbeit des russischen Mathematikers IWAN WINOGRADOW (1891 –1983) gelöst.

Ein Beweis der GOLDBACH'schen Vermutung in der oben angegebenen strengen Form ist aber derzeit nicht in Sicht. Die meisten Mathematiker nehmen allerdings an, dass die Vermutung wahr ist. Hauptsächlich wegen der statistischen Verteilung der Primzahlen: Je größer die gerade Zahl ist, desto „wahrscheinlicher" ist es, dass zwei Primzahlen existieren, deren Summe die gewünschte Zahl ist. Bewiesen ist inzwischen, dass jede gerade Zahl (größer als 2) als Summe von höchstens sechs Primzahlen ausgedrückt werden kann. Ferner bewies 1966 der Mathematiker PETER CHEN (geb.1968), dass jede hinreichend große gerade Zahl als Summe einer Primzahl und einer Zahl geschrieben werden kann, die höchstens zwei Primfaktoren besitzt.

Die GOLDBACH'sche Vermutung ist ein gutes Beispiel dafür, dass bei etwas eingehenderer Beschäftigung mit so einfachen Dingen wie den Zahlen an allen Ecken und Enden Fragen und Probleme auftauchten, die Generationen von Mathematikern beschäftigten und zu fruchtbaren Gedanken anzuregen vermochten.

Es bildete sich schließlich eine eigenständige Disziplin der Mathematik heraus, die sogenannte *elementare Zahlentheorie.*

Bereits die SUMERER (um 3000 v. Chr.) und die BABYLONIER (um 1900 v.Chr.) sowie die alten ÄGYPTER (um 3000 v.Chr.) hatten Kenntnisse über Eigenschaften der Zahlen.

Eigenständige zahlentheoretische Untersuchungen sind aber erst von der Schule der PYTHAGORÄER (etwa 500 v. Chr.) bekannt.

Die erste systematische Darstellung des bis dahin bekannten Wissens findet man in den Elementen des EUKLID. Von den griechischen Mathematikern nach EUKLID hat sich vor allem DIOPHANTOS VON ALEXANDRIA mit zahlentheoretischen Fragen beschäftigt.

In Europa wurden zahlentheoretische Probleme erst im 17. Jahrhundert in größerem Umfang wieder aufgeworfen, wobei vor allem PIERE DE FERMAT zu nennen ist. Im 18. Jahrhundert haben sich dann solche bedeutenden Mathematiker wie LEONHARD EULER, JOSEPH

LOUIS LAGRANGE (1736 – 1813) und ADRIEN MARIE LEGENDRE (1752 – 1833) intensiv mit zahlentheoretischen Problemen beschäftigt. Doch erst das 1801 erschienene grundlegende Werk *Disquisitiones Arithmeticae* von CARL FRIEDRICH GAUß kann als Geburtsurkunde der Zahlentheorie als eigenständige Wissenschaftsdisziplin gelten.

Zur CATALAN'schen Vermutung

Die Geschichte um den Beweis der sogenannten CATALAN'schen Vermutung ist ein weiteres Beispiel dafür, wie relativ einfach zu verstehende Fragen zu Beziehungen zwischen Zahlen die Entwicklung der Mathematik befruchteten. EUGÈNE CHARLES CATALAN (1814 – 1894) stellte 1844 in einem Leserbrief im *Journal für die reine und angewandte Mathematik* die Vermutung auf, dass es außer den Potenzen $2^3 = 8$ und $3^2 = 9$ keine weiteren Potenzen gibt, die sich um genau 1 unterscheiden.

Schon vor CATALAN beschäftigte man sich mit verwandten Problemen. Etwa um 1320 bewies der auch unter den Namen GERSONIDES bekannte LEVI BEN GERSHON (1288 – 1344) den Satz: *Wenn beliebige Potenzen von 2 und 3 sich um 1 unterscheiden, dann sind 8 und 9 die einzigen Lösungen.*

LEONHARD EULER zeigte, dass $a^2 - b^3 = 1$ nur für a = 3 und b = 2 gilt. Die CATALAN'sche Vermutung stellt eine Verallgemeinerung von EULERs Aussagen dar.

Erst nach über 150 Jahren im April 2002 gelang dem damals an der Universität Paderborn beschäftigten PREDA V. MIHAILESCU (geb. 1955) der Beweis der CATALAN'schen Vermutung.

Zur Bruchrechnung der alten Ägypter

Auf Seite 72 wird zur Bruchrechnung der alten Ägypter gesagt, dass sie vorwiegend mit Stammbrüchen, also Brüchen mit dem Zähler 1, gerechnet haben. Dabei waren sie in der Lage, auch komplizierte Brüche in Stammbrüche zu verwandeln.

Die beiden von ihnen verwendeten Zerlegungen sollen nachgerechnet werden:

Beispiel 1

$$\frac{2}{7} = \frac{1}{4} + \frac{1}{28} \qquad \frac{1}{4} = \frac{7}{28}$$

$$\frac{7}{28} + \frac{1}{28} = \frac{8}{28} = \frac{2}{7}$$

Beispiel 2

$$\frac{2}{9} = \frac{1}{56} + \frac{1}{679} + \frac{1}{776}$$

Eine Zerlegung der Nenner liefert

$$56 = 7 \cdot 8 \qquad 679 = 7 \cdot 97 \qquad 776 = 8 \cdot 97,$$

daraus folgt: Der Hauptnenner ist $7 \cdot 8 \cdot 97 = 5697$, also

$$\frac{97}{7 \cdot 8 \cdot 97} + \frac{8}{7 \cdot 8 \cdot 97} + \frac{7}{7 \cdot 8 \cdot 97} = \frac{112}{7 \cdot 8 \cdot 97} = \frac{2}{97}$$

Zum Umwandeln gewöhnlicher Brüche in Dezimalbrüche und ungekehrt

Jeder gewöhnliche Bruch lässt sich in einen Dezimalbruch umwandeln, indem man Zähler durch Nenner dividiert. Dabei entsteht entweder ein endlicher oder ein periodischer Dezimalbruch, und es sind folgende Fälle möglich:

1. Wenn in der Primfaktorzerlegung des Nenners **nur** Potenzen der Zahlen 2 oder 5 vorkommen, ergibt sich ein endlicher Dezimalbruch.
   Beispiel: $^7/_{40} = 0{,}175$ $\qquad (40 = 2^3 \cdot 5)$

2. Wenn in der Primfaktorzerlegung des Nenners Potenzen der Zahlen 2 und 5 **nicht** vorkommen, ergibt sich ein rein periodischer Dezimalbruch.
   Beispiele: $^1/_3 = 0{,}33333\ldots\ldots$
   $^1/_7 = 0{,}142857142857\ldots\ldots$
   $^2/_{13} = 0{,}153846153846\ldots\ldots$
   $^{20}/_{33} = 0{,}606060$ $\qquad (33 = 3 \cdot 11)$

3. Wenn in der Primfaktorzerlegung des Nenners **sowohl** Potenzen der Zahlen 2 oder 5 **als auch** die anderer Primzahlen vorkommen, ergibt sich ein gemischt periodischer Dezimalbruch. Dabei hängt die Länge der sogenannten Vorperiode vom höchsten Exponent der Primzahlen 2 bzw. 5 ab.
   Beispiele: $^1/_6 = 0{,}\mathbf{1}6666\ldots\ldots$ $\qquad (6 = 2^{\mathbf{1}} \cdot 3)$
   $^5/_{12} = 0{,}\mathbf{41}666\ldots\ldots$ $\qquad (12 = 2^{\mathbf{2}} \cdot 3)$

Will man einen Dezimalbruch in einen gewöhnlichen Bruch umwandeln, so sind folgende Fälle möglich:

1. Der Dezimalbruch ist endlich.
   Dann ist der Nenner eine Zehnerpotenz und man kann u. U. kürzen.
   Beispiele: $0{,}08 = \,^8/_{100} = \,^2/_{25}$
   $0{,}752 = \,^{752}/_{1000} = \,^{94}/_{125}$

2. Der Dezimalbruch ist periodisch.
   Dann multipliziert man mit der Periodenlänge und bildet die Differenz der beiden Zahlen, wie in den nachfolgenden Beispielen angegeben.

Beispiele:
a) z = 0,232323....
$$100 \cdot z = 23,232323....$$
$$z = 0,232323....$$
$$99 \cdot z = 23$$
also ist z = $^{23}/_{99}$

b) z = 0,4777....
$$100 \cdot z = 47,777....$$
$$z = 4,777....$$
$$99 \cdot z = 43$$
also ist z = $^{43}/_{99}$

Zur Abzählbarkeit der gebrochenen Zahlen

Auf Seite 73 wurde festgestellt, dass die Menge der *gebrochenen Zahlen* **unendlich** ist und dass die gebrochenen Zahlen **überall dicht** liegen. Dennoch ist es möglich, die gebrochenen Zahlen den natürlichen Zahlen eindeutig zuzuordnen, sie also quasi durchzunummerieren. In der Mathematik sagt man dazu: *Die Menge der gebrochenen Zahlen ist abzählbar.* Wie das geht, hat der deutsche Mathematiker GEORG CANTOR, der auch als Begründer der Mengenlehre gilt, gezeigt. Bei dem nach ihm benannten CANTOR'schen Diagonalverfahren ordnet man alle Brüche in der nachfolgend angegebenen Weise an.

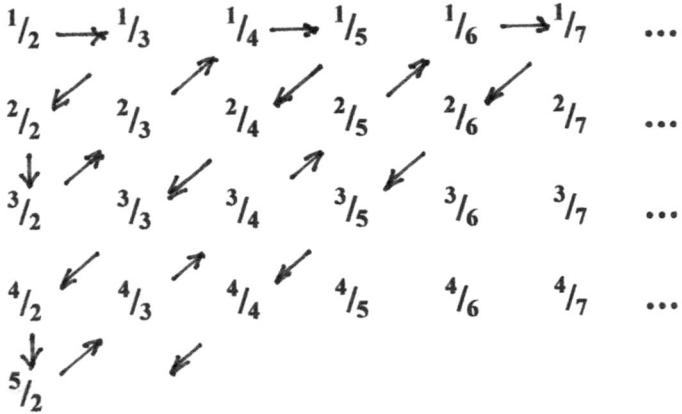

Mit diesem Verfahren werden alle gebrochenen Zahlen erfasst. Nun ordnet man diesen der Reihe nach die natürlichen Zahlen zu und zwar so wie die Pfeile zeigen.

Brüche, die durch Erweitern aus einer bereits erfassten Zahl hervorgegangen sind, werden dabei übersprungen.

Auf diese Weise wird tatsächlich jeder gebrochenen Zahl eindeutig eine natürliche Zahl, eine Nummer, zugeordnet.

Zu den komplexen Zahlen

Für die einzelnen Zahlbereiche gilt:

Im *Bereich der natürlichen Zahlen* sind von den vier Grundrechenarten nur die Addition und Multiplikation uneingeschränkt ausführbar.

Durch die Erweiterung zum *Bereich der ganzen Zahlen* erreicht man, dass auch die Subtraktion uneingeschränkt ausführbar wir.

Erweitert man den Bereich der natürlichen Zahlen zum *Bereich der gebrochenen Zahlen,* erreicht man, dass auch die Division (außer durch Null) uneingeschränkt ausführbar wird.

Erweitert man den Bereich der gebrochenen Zahlen schließlich um die negativen gebrochenen Zahlen, erhält man den *Bereich der rationalen Zahlen.* In diesem Bereich sind alle Grundrechenoperationen (außer der Division durch Null) uneingeschränkt ausführbar.

Da es aber noch (sogar unendlich viele) Zahlen gibt, die nicht rational sind, muss der Bereich der rationalen Zahlen auch noch erweitert werden.

Die rationalen Zahlen und die irrationalen Zahlen (z.B. alle Wurzeln aus natürlichen Zahlen, sofern sie nicht selbst eine natürliche Zahl sind, oder Zahlen wie π) ergeben zusammen den *Bereich der reellen Zahlen.*

Nunmehr kann jedem Punkt der Zahlengeraden umkehrbar eindeutig eine reelle Zahl zugeordnet werden.

Allerdings gibt es Gleichungen, z.B. $x^2 + 1 = 0$, die im Bereich der reellen Zahlen keine Lösung haben. Der Bereich der reellen Zahlen wurde deshalb nochmals erweitert und zwar zum Bereich der *komplexen Zahlen.*

Dazu wurde $\sqrt{-1} = i$ gesetzt und die neuen, die komplexen Zahlen, folgendermaßen definiert:

Eine komplexe Zahl k ist die Summe aus einem Realteil a und einem Imaginärteil b·i (k = a + b·i), wobei a und b reelle Zahlen sind.

Entscheidenden Anteil an der Ausarbeitung der Theorie der komplexen Zahlen hatte CARL-FRIEDRICH GAUß.

Da die Zahlengerade durch die reellen Zahlen ausgefüllt ist, benutzt man zur Darstellung der komplexen Zahlen die Ebene, die sogenannte GAUß'sche Zahlenebene. In der waagerechten Richtung werden die Realteile und in der senkrechten die Imaginärteile abgetragen. Dann ist jedem Punkt dieser GAUß'schen Zahlen-

ebene umkehrbar eindeutig eine komplexe Zahl zugeordnet.

Alle algebraischen Gleichungen lassen sich jetzt lösen
und es gilt der sogenannte *Fundamentalsatz der Algebra*, dass jede Gleichung genau so viele Lösungen
hat, wie ihr Grad angibt. (Jede quadratische Gleichung
hat also genau 2 Lösungen.)

Zu Berechnungen bei Zahlenfolgen

Ist $(a_n) = \{a_1; \ a_2; \ a_3; \ a_4; \ \ldots .. \ a_n;\}$ eine *arithmetische
Zahlenfolge,* gelten folgende Formeln:

$$a_{n+1} = a_n + d \qquad \text{für alle Glieder der Folge}$$

$$a_n = a_1 + (n-1) \cdot d$$

$$s_n = (a_1 + a_n) \cdot {}^n/_2$$

Wenn von den vier Größen a_1; d; n und s_n drei gegeben
sind, kann man die jeweils vierte berechnen. Dabei
führt die Berechnung von n aus gegebenen Werten für
a_1; d und s_n auf eine quadratische Gleichung.

Auf Seite 93 wurde folgende Aufgabe gestellt:
Auf einem Lagerplatz sind
Rohre gestapelt in der Weise,
wie es die nebenstehende
Abbildung zeigt. Wie viele
Rohre müssen in der untersten
Reihe liegen, wenn 140 Rohre
gestapelt werden sollen?

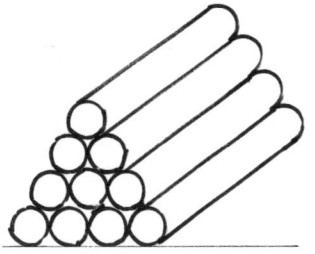

Diese Aufgabe, die zunächst durch Probieren gelöst
wurde, führt auf eine quadratische Gleichung.
Gegeben sind: $a_1 = 1$; $d = 1$ $s_n = 140$
Gesucht ist: n

aus $\qquad s_n = (a_1 + a_n) \cdot \dfrac{n}{2}$

folgt $\qquad 140 = (1 + n) \cdot \dfrac{n}{2}$, da $a_n = n$ ist.

umgeformt: $\qquad n^2 + n - 280 = 0$

Nach der bekannten Lösungsformel erhält man die Lösungen $\quad n_1 = -0,5 + \sqrt{280,25} \approx 16,24$ und

$\qquad n_2 = -0,5 - \sqrt{280,25} \approx -17,24$, wobei die negative Lösung auf Grund der Aufgabenbedingungen ausscheidet.

Auch die Lösung $n_1 = 16,24$ ist nur bedingt brauchbar, denn es wird als Lösung eine natürliche Zahl erwartet. Daher heißt die Lösung $n = 17$.

<u>Probe:</u>

Für $n = 17$ ergibst sich $s_{17} = 153$, für $n = 16$ aber der zu kleine Wert $s_{16} = 136$.

Ist $(a_n) = \{a_1;\ a_2;\ a_3;\ a_4;\ \ldots..\ a_n;\}$ eine *geometrische Zahlenfolge*, gelten folgende Formeln:

$$a_n = a_1 \cdot q^{n-1} \qquad\qquad s_n = a_1 \cdot \dfrac{q^n - 1}{q - 1}$$

Bei geometrischen Zahlenfolgen ist jedes Glied das geometrische Mittel seiner beiden Nachbarglieder.

Das lässt sich leicht zeigen:

Das geometrische Mittel zweier Zahlen a und b ist definiert als $g_m = \sqrt{a \cdot b}$.

Die Nachbarglieder von a_k einer geometrischen Zahlenfolge sind: $a_{n-1} = a_1 \cdot q^{n-2}$ und $\qquad a_{n+1} = a_1 \cdot q^n$

$(a_1 \cdot q^{n-2}) \cdot (a_1 \cdot q^n) = (a_1^2 \cdot q^{2n-2}) = (a_1 \cdot q^{n-1})^2 = a_n^2$

also ist $a_n = \sqrt{a_{n-1} \cdot a_{n+1}}$

Wenn bei einer geometrischen Zahlenfolge von den vier Größen a_1; q; n und s_n drei gegeben sind, kann man die jeweils vierte berechnen. Dabei führt die Berechnung von n aus gegebenen Werten für a_1; q und s_n auf eine Exponentialgleichung.

Als Beispiel soll die Frage beantwortet werden, nach wie vielen Jahren sich ein vorgegebener Anfangsbetrag bei jährlicher Verzinsung mit 5% verdoppelt.

Gegeben : $a_1 = K$; q = 1,05 $a_n = 2 \cdot K$; Gesucht: n

Es gilt: $a_n = a_1 \cdot q^n$ (an Stelle von q^{n-1} heißt es hier q^n, weil a_1 ja das Anfangskapital ist.)

Hieraus folgt: $\qquad\qquad 2 \cdot K = K \cdot 1,05^n$

umgeformt: $\qquad\qquad\quad 1,05^n = 2$

logarithmiert: $\quad n \cdot \log 1,05 = \log 2$

$$n = 14,21$$

Nach 14 Jahren hat sich der Anfangsbetrag noch nicht ganz, nach 15 Jahren aber mehr als verdoppelt.

Zur Folge der Dreieckszahlen

Dreieckszahlen heißen die Zahlen der Folge

$(a_n) = \{1; 3; 6; 10; 15;…..\}$ mit $a_1 = 1$ und $a_n = a_{n-1} + n$

Die Folge (a_n) ist zugleich die Partialsummenfolge der natürlichen Zahlen, womit für jedes a_n dieser Folge gilt:

$a_n = \dfrac{1}{2} \cdot (1 + n) \cdot n = (n^2 + n) \cdot \dfrac{1}{2}$

Die Summe zweier Nachbarglieder dieser Folge ist stets eine Quadratzahl.

Beweis: $a_n = (n^2 + n) \cdot \dfrac{1}{2}$ und $a_{n+1} = [(n+1)^2 + n+1)] \cdot \dfrac{1}{2}$

$$= (n^2 + 3n + 2) \cdot \dfrac{1}{2}$$

$a_n + a_{n+1} = (2n^2 + 4n + 2) \cdot \dfrac{1}{2} = n^2 + 2n + 1 = (n + 1)^2.$

Liste der im Buch genannten Mathematiker, chronologisch geordnet

THALES VON MILET (um 630 - um 547 v.Chr.)
PYTHAGORAS VON SAMOS (um 580 - 496 v.Chr.)
ZENON VON ELEA. (490 - 430 v.Chr.)
PLATON (427 - 347 v.Chr.)
EUKLID VON ALEXANDRIA (365 - 300 v.Chr.)
ERASTOSTHENES VON KYRENE, (276 - 194 v.Chr.)
DIOPHANTOS VON ALEXANDRIA (um 250)
BRAMAGUPTA (geb. 560)
MUHAMMAD IBN MUSA AL - CHWARIZMI (787 - ca.850)
ROBERT VON CHESTER (1. Hälfte 12.Jh.)
BHASKARA (geb. 1114 - ca. 1185)
LEONARDO VON PISA, gen. FIBONACCI (1180 - 1250)
JORDANUS NEMORATIS (um 1230)
IBN AL - BANA (1256 - 1321)
LEVI BEN GERSHON gen. GERSONIDES (1288 - 1344)
CHU SHIH CHIEM (um 1300)
MICHAEL STIFEL (1487 - 1576)
ADAM RIES (1492 - 1559)
NICCOLO TRATAGLIA (1500 - 1527)
GIROLAMO CARDANO (1501 - 1576)
ROBERT RECORDE (1510 - 1558)
FRANCOIS VIÈTE gen. VIETA (1540 - 1603)
CATALDI (1552 - 1662)
MARIN MERSENNE (1588 - 1648)
DESCARTES (1591 - 1650)
FERMAT (1601 - 1665)
JOHN WALLIS (1616 - 1703)
BLAISE PASCAL (1623 - 1662)
WILLIAM JONES (1675 - 1749)

CHRISTIAN GOLDBACH (1690 - 1764)
LEONHARD EULER (1707 - 1783)
JOHANN HEINRICH LAMBERT (1728 - 1777)
JOSEPH LOUIS LAGRANGE (1736 - 1813)
ADRIEN MARIE LEGENDRE (1752 - 1833)
EDUARD KUMMER (1810 - 1893)
EVARISTE GALOIS (1811 - 1832)
EUGÈNE CHARLES CATALAN (1814 - 1894)
KARL WEIERSTRASS (1815 - 1897)
RICHARD DEDEKIND (1831 - 1616)
GEORG CANTOR (1845 - 1918)
FERDINAND VON LINDEMANN (1852 - 1939)
DAVID HILBERT (1862 - 1943)
IWAN WINOGRADOW (1891 - 1983)
LEOPOLD INFELD (1898 - 1968)
D. R. KAPREKAR (1905 - 1986)
PETER ROQUETTE (geb. 1927)
YASUMASA KANADA (geb.1949)
ANDREW WILES (geb. 1953)
PREDA V. MIHAILESCU (geb. 1955)
RICHARD TAYLOR (geb. 1962)
NOAM D. EKLIES (geb. 1966)
PETER CHEN (geb.1968)

Literaturverzeichnis:

1. Duden, Basiswissen Schule, MATHEMATIK. Insbesondere: Kap. 2: Zahlen und Rechnen (Autor: G Fanghänel). Paetec Verlag für Bildungsmedien. Berlin. (1.Aufl.) 2001.

2. Enzensberger, Hans Magnus: Der Zahlenteufel. Carl Hanser Verlag. München, Wien 1977, S.111 ff.

3. Fanghänel, Günter; Vockenberg, Herbert: Arbeiten mit Mengen. Volk und Wissen Verlag. Berlin 1978.

4. Ehlers, Anita: Liebes Hertz! Physiker und Mathematiker in Anekdoten. Birkäuser Verlag. Basel, Bosten, Berlin 1994.

5. Geburt der Zahlen. Unesco Kurier, 11/1993; Insbesondere: James Ritter: Das Zahlensystem der Sumerer; Du Shi-ran: Ein Rechensystem zum Anfassen; Bertold Riese: Hieroglyphen und Sterne bei den Maya; Pierre-Sylvain Filliozat: Der Siegeszug der Null.

6. Ifrah, Georges: Universalgeschichte der Zahlen. Campus Verlag. Frankfurt/Main 1993.

7. Kleiner Leitfaden Mathematik. Insbesondere: Kap. 2: Zahlen und Rechnen (Autor. G Fanghänel). Paetec Verlag für Bildungsmedien. Berlin (1.Aufl.) 1996.

8. Menninger, K.: Zahlwort und Ziffer, Eine Kulturgeschichte der Zahl. Göttingen, Vandenhoek und Ruprecht, 1958.

9. Neukirch, Jürgen: Die verlorene Wahrheit. Beweis der Fermatschen Vermutung - Ein mathematisches Weltereignis.
In: FAZ Frankfurt/M vom 28.12.1994.

10. Pieper, Herbert: Heureka. Ich hab's gefunden. VEB Deutscher Verlag der Wissenschaften, Berlin 1988.

11. Tohma, Hildegard; Holland Carola: Das kleine Zahlenzauberbuch. Coppenrath Verlag. Münster 2001.

12. Roquette, Peter: Vortrag zum Tag der offenen Tür der Universität Heidelberg 1998.
WikipediA/Internet.

13. Wells David: Das Lexikon der Zahlen. Fischer Taschenbuch Verlag. Frankfurt 1990.

14. WikipediA/Internet: Aussagen zur Goldbach'schen und Catalan'schen Vermutung.

Nachwort

Anlass für dieses Buch war der Grundgedanke, dass in den Zahlen viele Probleme stecken, die zwar nicht sofort sichtbar waren, im Laufe der Geschichte aber nach und nach hervortraten und damit auch die Entwicklung der Mathematik wesentlich beförderten.

Zahlen entstanden aus ganz praktischen Bedürfnissen, zum Beschreiben von Mengen und Anordnungen. Zwar nicht mit den heutigen Definitionen, aber in den zwei Bedeutungen als Kardinal- und Ordinalzahlen bildete sich der Zahlbegriff heraus. Dabei ist interessant, dass in vielen Sprachen die Worte für Zahlen und Erzählen sehr verwandt sind.

Wir hoffen, dass die Lektüre dem Leser Interesse und Spaß an der Mathematik vermitteln und vielleicht manchem Lehrer auch Anregung zur Auflockerung seines Unterrichts geben konnte. Systematik und Vollständigkeit wurden nicht angestrebt und es ist auch klar, dass alle behandelten Fragen und Probleme bekannt sind. Allein deren Auswahl und die Art ihrer Darstellung (immer aus der Sicht der Zauberlehrlinge) lassen hoffen, dass die genannte Absicht erreicht und die Faszination, der Zauber, der derartigen Fragen innewohnt, deutlich wurde.

Für wertvolle Hinweise bei der Arbeit an diesem Buch danke ich besonders meiner Tochter Kerstin Dittrich sowie meinen Freunden Manfred Ritter und Dr. Wolfgang Selesnow. Danken möchte ich auch meinem Bruder Hartmut und insbesondere meinem Freund Frank Lempe für die Zeichnungen und nicht zuletzt meiner Frau für die verständnisvolle Unterstützung meiner Arbeit.